河长制网格化管理信息系统研究与应用

牛最荣　张永胜　著

黄河水利出版社

·郑 州·

内 容 提 要

本书介绍了黄土高原典型中小河流——甘肃省定西市关川河的河长制网格化管理信息系统研究的成果,主要内容有:分析了关川河河道的基本现状、水文水资源现状、社会服务功能状况,划分了河道管理网格,构建了河长制网格化管理信息系统等。该书题材新颖,内容丰富,可供从事相关领域研究、设计和管理的专业技术人员、教师和学生阅读与参考。

图书在版编目(CIP)数据

河长制网格化管理信息系统研究与应用/牛最荣,张永胜著.—郑州:黄河水利出版社,2020.9
ISBN 978-7-5509-2794-0

Ⅰ.①河… Ⅱ.①牛…②张… Ⅲ.①河道整治-责任制-管理信息系统-研究-中国 Ⅳ.①TV882

中国版本图书馆 CIP 数据核字(2020)第 164285 号

策划编辑:陶金志 电话:0371-66025273 E-mail:838739632@ qq. com

出 版 社:黄河水利出版社 网址:www.yrcp.com
 地址:河南省郑州市顺河路黄委会综合楼 14 层 邮政编码:450003
发行单位:黄河水利出版社
 发行部电话:0371-66026940、66020550、66028024、66022620(传真)
 E-mail:hhslcbs@ 126. com
承印单位:河南新华印刷集团有限公司
开本:787 mm×1 092 mm 1/16
印张:11.5
字数:200 千字 印数:1—1 000
版次:2020 年 9 月第 1 版 印次:2020 年 9 月第 1 次印刷
定价:79.00 元

前　言

　　网格化管理是当前国内外现代化管理方式的一个新突破、新方向,许多领域应用网格化管理方式使管理更加精细化和规范化,如城市网格化管理提高了城市管理效率、人口网格化管理更加明确人口的空间分布、社区网格化管理加强了社区资源共享等,网格化管理加强了管理方式的系统化。近年来,3S技术、网络技术和计算机技术的不断发展奠定了网格化管理平台建设的基础,使得网格化管理方式在全国迅速发展并推广应用。一直以来,河流的管理都比较繁复和多样,河流的管理范围界限不明确,管理效率低,间接造成资源的浪费,河流的网格化管理亦成为研究的热点和学术界的重要议题之一。

　　长期以来,我国河流管理呈现多头管理的体制,水利、环保、农业、林业、发改、交通、渔业等部门在相应领域内分别承担着与水有关的行业分类管理职能。为应对河道管理问题引发的水危机和生态环境危机,2016年中共中央办公厅、国务院办公厅印发了《关于全面推行河长制的意见》,要求全面建立省、市、县、乡四级河长体系,由各级党政主要负责人担任辖区内相关河流的"河长",负责河道水环境治理和保护等管理工作,有效解决了多部门协调难、河湖问题处理慢的问题,在一定程度上丰富了我国的治水理论。截至2018年6月底,全国31个省(自治区、直辖市)已全面建立河长制,共明确省、市、县、乡四级河长30多万名。

　　目前,我国河长制工作已取得显著成效,大多数湖泊、河流生态环境明显好转,但目前许多河道巡查仍以人工巡逻为主,劳动强度高、工作效率低。如何利用信息技术手段加强日常河道巡逻和环境保护,及时快捷地发现问题和解决问题,成为深入推进河长制工作亟待研究解决的课题。中共中央《关于全面深化改革若干重大问题的决定》提出,要改进社会治理方式,创新社会治理体制,以网格化管理、社会化服务为方向,健全基层综合服务管理平台。网格化管理是运用数字化、信息化手段,将管理对象划分为网格区域,以区域内事件或要素为管理内容,利用网格化管理信息平台的信息采集、共享、查询、追踪、反馈等功能,实现各级管理部门协调联动、高效管理的一种"互联网+"数字化管理新模式。将河长制与网格化管理系统相结合,强化河流的空间管控,加大对河流空间区域的实时动态监测能力,以网格化管理信息系统提升河道管理的现代化水平和能力,对保护河道水生物多样性、减少水污染、恢复水生态环境,增强河湖的管控具有重要作用。

我们在甘肃省重点研发计划"河长制网格化管理信息系统研制与示范应用(项目编号 18YF1FA081)"的资助支持下,以甘肃省定西市关川河部分河段为研究对象,研制开发了河长制网格化管理信息系统,编写了《河长制网格化管理信息系统研究与应用》一书,以供各地研制河长制网格化信息系统时参考借鉴。

本书是该项研究成果的总结,由甘肃农业大学牛最荣和甘肃省定西市水利科学研究所张永胜共同编著。参加本项研究和本书编写的还有甘肃省定西市水利科学研究所尚小平,水利部长江水利委员会网络与信息中心牛夏,甘肃农业大学张芮、武雪、孙栋元、陈彩苹、薛媛、展士杰、贾玲,甘肃省定西市水利科学研究所吕旭红、杜晓霞、蒋兴国、董宏、宣怡等。本书的出版得到了黄河水利出版社的大力支持,在此一并致谢。

由于作者水平有限,书中难免会存在不足之处,敬请广大研究河长制网格化管理的同仁和读者予以批评指正。

作　者

2020 年 5 月

目　录

第 1 章 绪 论

1.1 项目背景

近年来,伴随着人类活动的加剧和现代社会的快速发展,区域内河道水系受到了影响和破坏,部分河道功能发挥失常、生态系统紊乱,导致河流断流、河道萎缩、水污染加重、湿地退化、水生生物减少。特别是随着涉河水事活动不断增加,河道的开发利用呈现出越发强烈的态势,在岸线利用、河道采砂、工程建设管理等方面存在诸多问题,严重影响河道生态现状及水环境,河道管理的任务非常艰巨。

为应对河道管理问题引发的水危机和生态环境危机,2016 年中共中央办公厅、国务院办公厅印发了《关于全面推行河长制的意见》,《关于全面推行河长制的意见》指出,全面推行河长制是落实绿色发展理念、推进生态文明建设的内在要求,是解决复杂水问题、维护河湖健康生命的有效举措,是完善水治理体系、保障水安全的制度创新。为贯彻落实《关于全面推行河长制的意见》,各级党委、政府出台了"河长制"实施意见或方案,以保护水资源、防治水污染、改善水环境、修复水生态为主要任务,全面推行河长制,并构建责任明确、协调有序、监管严格、保护有力的河湖管理保护机制,为维护河湖健康生命、实现河湖功能永续利用提供制度保障。

本书在全面推行河长制工作的基础上,以当前河道管理工作的实际难点和需求为出发点,积极探索建立河道网格化管理信息系统。同时通过项目示范应用实施,进一步推动河道管理体制改革,形成开放、流动、协作的新的"河长制"运行机制。

1.2 国内外研究现状和趋势

水是生命之源,良好的水环境对法治社会建设、生态文明建设和经济社会建设大有裨益。为了满足我国当前社会发展的需求,建设良好的、满足人们生活娱乐的生态环境是必不可少的一步。改革开放以来,随着经济社会的发展,水资源短缺、水污染、水生态问题日益凸显。2002 年颁布的《中华人民共和国水法》形成了"九龙治水"的局面,加剧了部分水资源污染,水资源利用率降低等问题。江河湖泊构成的水资源体系是生态文明建设的组成部分,2007 年太湖蓝藻暴发,无锡市首创了河长制,因见效明显被各地借鉴。2016 年修订的《中华人民共和国水法》对"九龙治水"条款进行了修改,但只针对小部分的大型河湖实行了流域管理,大部分的小流域仍然是区域管理模式,并没有摆脱"九龙治水"的弊端。同时,我国与水有关的水律法规繁多冗杂,水环境问题仍然面临很大的挑战。2016 年末,中共中央办公厅、国务院办公厅印发了《关于全面推行河长制的意见》,要求全面建立省、市、县、乡四级河长体系,加强对河流的行政管理,河长制在全国开始全面推广,有效解决了多机关部门协调难、河湖问题处理慢的困局,河长制的出现正是破解水资源管理体制僵化和法律法规冗杂难题的需要。

河长制自实施以来,因其管筹范围的不同,研究学者对其含义的认识了解也有所不同。有学者认为河长制是一项负责水体污染治理的机制,有学者认为河长制是指由"河长"负责水资源保护机制的体系,有学者认为是由"河长"负责河流的管理工作和河流污染防治的新制度。河长制在一定程度上丰富了我国的治水理论,符合水利现代化建设的需求。

随着计算机技术、3S 技术和网络技术等的发展,管理方式也出现了转变,网格化管理模式是现代管理方式的新途径、新方法,用于城市管理、社区管理、人口管理、河流管理等方面。通过计算机网格的使用,用户能通过网络实现资源的共享与协同,进行最优化配置,提高管理效率。党的十八届三中全会明确指出网格化管理的重要地位,这是首次在政府层面对网格化管理的肯定。范况生认为现代化城市管理应通过网格化管理实现政府、社会、市民参与的"三元"结构。魏巍认为随着城镇化发展和人口迁移的常态化,城市人口膨胀已成为问题,社区网格化管理模式已成为新型管理趋势。陈文成认为网格化人口密度可以更详细、具体地了解县域内部人口空间分布特征,且依据遥感等技术的应用,可以更好地实现县域内部人口的动态追踪。网格化管理因其加强了部门之间相互协调的联动,高效有序的管理效率被广泛应用于各行各业,成为一种新颖的现代化管理方式。河湖作为生态文明的重要组成部分,长效的管理方式必不可少,将网格化管理模式引入河湖的管护是必要手段。开展"河长制"网格化管理信息系统的研究,搭建河长制网格化管理平台,依托遥感影像进行河道岸线动态监测和管理,将为加强河道生态环境建设和河长制落实提供技术支撑,并进一步提升河长制的管理能力和水平。

第 2 章　河道网格化划分研究

　　网格化是根据属地管理、地理布局、现状管理等原则,将管辖地域划分成若干网格状的单元。网格化管理是对每一网格实施动态、全方位管理。目前,可依托现代网络信息技术建立一套精细、准确、规范的综合管理服务系统,是一种数字化管理模式。以城市网格化管理模式为例,是指将城市管理辖区按照一定的标准划分成为单元网格。网格化管理的主要优势是能够主动发现,及时处理,加强管理能力和处理速度。首先,它将被动应对问题的管理模式转变为主动发现问题和解决问题的管理模式;其次,是管理手段数字化,主要体现在管理对象、过程和评价的数字化上,保证管理的精确和高效;再次,是科学封闭的管理机制,将发现、立案、派遣、处理、结案五个步骤形成一个闭环,从而提升管理的能力和水平。

　　水域及岸线是河道的主要组成部分。河道管理主要是对水域及岸线的管理。其中河道水域管理的主要内容是水量和水质的管理,河道岸线管理的主要内容是岸线功能和范围。“河长制”实施以后,实现了对河道的系统和整体管理。而结合城市网格化管理理念,依据岸线功能区、岸线边界线及水域划分方法,将河道划分为单元网格,并辅助于各级河长制管理范围,运用数字化、信息化手段,以单元网格为区域范围,以事件为管理内容,以处置单位为责任人,通过网格化管理信息平台,实现联动、资源共享的一种河道管理新模式。河道网格化管理是在河长制对河流系统管理的基础上,以岸线功能区划为依据,将河道划分为“1 个水域带状网格和 4 类岸线功能区网格”,并依托信息化等现代技术手段,实现对河道精细化、精准化管理。水域管理和岸线管理是河道网格化管理的主要内容。

2.1　岸线管理综述

2.1.1　岸线定义

　　河道岸线是指河道一定宽度的陆域和岸滩水域构成的线状滨水地带,其不仅是防洪、取水以及港口码头与道路桥梁建设的重要依托,而且具有重要的景观旅游、生态保护、水源涵养等功能,既具有行洪、调节水流和维护河流健康的自然与生态环境功能属性,同时具有开发利用价值的土地资源属性。岸线利用和保护与流域防洪、供水、航运及河流生态等关系密切,在流域经济社会发展中发挥着极为重要的支撑作用。特别是天然的水体岸线,经几千年甚至几万年而形成,没有过多的人为改造,基本维持自然形成的状态,是一种可以造福人类的资源,是一种独特、有价值、不能替代的资源,同时是水体周期性变化和极端水灾的重要缓冲地带,它为维持生态安全提供基础,具有非常重要的生态意义。河道岸线和水域随河流的丰枯季节而变化。一般情况下,我国南方河流径流量年际变化相对较小,河道滩涂在枯水期出露,丰水期被淹没,而北方河流由于年际间丰枯变化较大,河道部分滩涂平枯水年常出露,但遇较大洪水时,仍是行洪通道。

2.1.2 岸线功能

河道岸线既具有行洪、调节水流、维持河流生态平衡的自然属性,还具有开发利用价值,具有为社会经济发展提供服务的资源属性。由于人类活动的影响,改变了河道边界条件,如河道整治与防洪工程、滩涂开发和围垦、港口、码头、跨河桥梁和管线、取排水口、旅游和城市景观等工程都会不同程度地占用岸线资源,经济发展水平高、岸线资源开发利用条件较好的地区岸线开发利用程度一般较高,港口码头、桥梁、取排水口、临河城市景观等开发利用项目密集,从而对河道行洪、航运和河流水生态带来影响。河流水沙条件、河势变化也会对河道岸线演变产生不同程度的影响。

河道岸线位于水陆交接区域,与河流生态关系密切。沿河两岸、河口三角洲和潮滨带的浅水湿地水生植物分布较多,是水生生物的产卵栖息场所和鸟类的繁衍之地,也是生物多样性最重要的地带,对繁衍物种,维持生态平衡,营造独特的生态环境具有重要作用。

随着我国经济社会的快速发展,城市化进程加快,各类涉河建设项目日益增多,对河道岸线利用和滩涂开发的要求也越来越高。特别是经济发展较快的东部地区,河道岸线被大量占用,沿河湖湿地面积逐渐萎缩,水生态失衡、生物减少,流域生态环境遭到了严重的威胁和破坏,甚至挤占行洪河道,致使河道行洪不畅,排洪能力下降,汛期洪水位抬高,给流域防洪带来不利影响。

河道岸线是有限的宝贵资源。优良的岸线可以满足国民经济各部门对岸线利用的需求,其综合功能有力支撑了流域经济社会的发展。统筹协调河道岸线的行洪、调节水流和维护河流生态平衡的自然属性与经济社会服务功能之间的关系,对于科学管理、合理利用和有效保护岸线资源具有十分重要的作用。

2.1.3　岸线稳定性

匡少涛等在《河道管理》(中国水利水电出版社)中,依据河流河势演变调查和分析成果、水沙特性,以河段为单元,将岸线稳定性分为基本稳定、相对稳定和不稳定三类。其中:

岸线基本稳定是指河段主流线、河岸顶冲部位和河床基本稳定,岸线冲淤变化不大或仅有微冲微淤。

岸线相对稳定是指河段上下游节点具有一定控导能力,主流线、河岸顶冲部位、河岸、河床存在一定幅度的摆动、变化,岸线冲刷或淤积程度较小。

岸线不稳定是指河段上下游节点控导河势能力较差,主流线、河岸顶冲部位、河岸河床摆动幅度较大,岸线冲刷或淤积变化明显。

2.1.4　岸线与河势稳定

我国东部地区经济发展较快,岸线开发利用条件较好,开发利用程度也相对较高。长江中下游、淮河中下游、珠江三角洲地区、环太湖地区等东部地区经济发达、人口稠密、土地资源紧缺地区的岸线开发利用最为突出,但这些地区多处于大江大河中下游平原地区,自然状态下河势稳定性较差,大部分河段经过多年工程整治后河势得到初步控制。河势稳定与否对河流防洪安全、航运、工农业取用水等有着至关重要的影响,良好而稳定的河势是河道岸线开发利用的基本条件。因此,必须十分重视岸线开发利用和保护与河势稳定的关系。从岸线利用现状、类型、需求以及保护与河势稳定性的关系分析,主要体现在以下几个方面:

(1)岸线开发利用应服从防洪安全,维护河势稳定,充分考虑水资源利用与保护、航运等要求,保护水生态环境、珍稀濒危物种以及独特的自然人文景观等,按照合理利用与有效保护相结合原则,满足河流健康和社会经济发展的共同需要,并不得影响水生态环境和水资源保护。

(2)对河势不稳定河段应加强岸线保护,严格控制或限制岸线利用项目,对确需在岸线不稳定河段实施的国家重点建设工程项目,应就项目对河势稳定性的影响及整治措施进行技术论证,提出确保河势稳定、防洪安全和不影响航运的具体措施方可实施。

(3)对河势基本稳定河段,岸线利用项目应结合河道整治,有利于稳定河势,改善河道行洪、航运条件。如岸线利用项目对防洪、航运有不利影响,必须采取相应措施消除其影响,以保障河流行洪安全和航运要求。

(4)对河势稳定河段,岸线利用不得影响河势稳定和河道行洪安全、航运等。一般不得占用河道行洪滩涂,禁止在岸线范围内修建影响河道行洪、航运和水生态环境的设施和工程,严禁围河造地,防止无序、过度开发。

2.1.5　岸线利用类型

我国对河岸线的开发利用由来已久,岸线利用与沿岸地区经济社会发展状况、土地资源利用以及水资源特点等密切相关。各流域和地区因经济社会发展程度及需求不同,以及河流的自然状况、水文泥沙等条件不同,岸线利用程度和形式也存在差异。

岸线开发利用项目包括占用河道岸线资源的基本建设项目,根据开发利用项目涉河情况的不同,可分为跨(穿)河、临河、拦河建设项目。其中跨(穿)河项目包括铁路及公路桥梁、跨(穿)河电缆、输油(气、水)管道等,临河项目包括港口码头、取(排)水口、景观(如滨江公园、绿地、人工湿地)、商业用地(如滨河娱乐、餐饮)、工业与住宅用地(如城镇建设、厂矿企业、货物堆场、住宅),拦河项目包括闸坝、框组等经常性占用岸线资源的项目。

2.1.6　岸线功能区定义

岸线功能区是根据岸线资源的自然条件、功能要求、开发利用状况和经济社会发展需要,将岸线划分为不同类型的区段,明确其管理目标和开发利用条件,以满足岸线资源合理开发和有效保护的需求,为科学管理提供依据。

2.1.7　岸线功能区划体系

岸线功能区划体系包括岸线控制线和岸线功能区。岸线控制线包括临水控制线和外缘控制线。岸线功能区分为岸线保护区、岸线保留区、岸线控制利用区和岸线开发利用区,如图 2-1 所示。

2.1.7.1　岸线控制线

(1)临水控制线是指为稳定河势、保障河道行洪安全和维护河流健康生命的基本要求,在河道内顺水流方向或湖泊沿岸周边临水一侧划定的管理控制线。

(2)外缘控制线是指为保护和管理岸线资源,维护河流基本功能而划定的岸线外边界控制线。

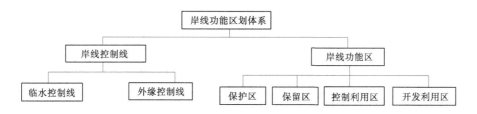

图 2-1　岸线功能区划体系

2.1.7.2　岸线功能区

岸线功能区是根据岸线资源的自然和经济社会功能属性以及不同的要求,将岸线资源划分为不同类型的区段。岸线功能区分为岸线保护区、岸线保留区、岸线控制利用区和岸线开发利用区 4 类。

(1)岸线保护区是指对流域防洪安全、水资源保护、水生态环境保护、珍稀濒危物种保护等重要影响,一般不宜开发利用的岸线区。

(2)岸线保留区是指规划期内暂时不宜开发利用或尚不具备开发利用条件的岸线区。区内一般规划有防洪保留区、规划水源地等。

(3)岸线控制利用区是指因开发利用岸线资源对防洪安全、河流生态保护存在一定风险,或开发利用程度已较高,进一步开发利用对防洪、供水和河流生态安全造成一定影响,而需要控制开发利用程度的岸线区。对岸线控制利用区内的开发利用项目应加强管理和技术指导,严格控制开发利用项目的类别和数量,有条件地适度开发。

(4)岸线开发利用区是指河势基本稳定,无特殊生态保护要求或特定功能要求,开发利用活动对防洪安全、供水安全及河势影响较小的岸线区。岸线开发利用区在符合基本建设程序的条件下,可按照岸线利用规划的总体布局进行合理、有序的开发利用。

2.1.8　岸线利用与保护存在的问题

合理规划和利用岸线资源,对于稳定河势,保障防洪安全,维护河流健康生命,保护水环境和生态安全,促进经济社会发展都具有十分重要的意义。但由于河道岸线利用管理没有统一规划,岸线资源利用管理缺乏科学依据,不合理的岸线利用项目,给河道行洪安全、河流水环境和生态保护带来不利影响,甚至给部分地区的重要江河防洪安全带来威胁。岸线利用与管理方面主要存在以下问题:

(1)岸线开发利用日益增加,无序开发和过度开发问题突出,防洪和生态环境安全重视不够。

近年来,随着国家经济建设的加快,涉水建筑物逐渐增多,河道岸线开发利用程度逐步提高。无序开发和随意侵占河道水域、滩地的现象日益增多。有些港口工程在河道内滩地兴建永久性建(构)筑物,已严重阻碍河道行洪;一些建设项目不符合环境保护要求,挤占水源保护区;一些地区取水口、排水口、港口码头密布,上游码头、排污口对下游取水口造成污染。部分地区为局部利益占用河滩,与水争地,随意围垦,滩涂开发失控。

目前实行的对单项工程进行防洪及河势影响评价难以评估多个项目开发利用群体效应带来的影响,导致一些地区出现岸线过度开发现象,跨河桥梁、取水口、排水口、港口码头、过江电缆等呈犬牙交错布置,部分河段由于涉河项目过多和过于集中,密集建设项目的群体累积效应已经显现,严重影响河道安全行洪和河势稳定。

岸线开发只重视短期经济效益,忽视防洪、供水和生态环境安全,有些开发项目总体布局不当,没有提出保障防洪安全和水生态环境的方案和措施,影响了河势和岸线稳定,给防洪安全带来不利影响。

有些开发利用项目,不符合河段水质保护要求,危险品码头、排污口与城市供水取水口混杂,降低了水功能区的等级,甚至挤占了水源保护区和入江河口岸段,给防洪和供水安全带来隐患。

(2)岸线资源配置不合理,缺乏高效利用。

部分岸线利用项目立足于局部利益,缺乏与国民经济发展及其他相关行业规划的协调,常以单一功能进行岸线开发利用,造成岸线资源的配置不够合理,存在多占少用和重复建设现象,岸线利用效率不高,不能充分发挥岸线资源的效能,造成岸线资源的浪费。建设项目往往都是根据各自的工程特性需要尽快上马,忽视了整体河段岸线开发利用的效率和合理性。

(3)岸线利用存在多头管理现象,开发利用与治理保护不够协调。

目前,岸线的开发利用涉及水利、交通、航运、市政、环保等行业或部门,对岸线的防洪、供水、航运、生态环境以及开发利用功能缺乏统筹协调,部门间和行业间缺乏统筹协调,各职能部门职责不清、各自为政,存在多头管理现象。有些建设项目立足于局部利益,缺乏与其他行业规划的协调,存在多占少用和重复建设现象,造成岸线资源的浪费,有些地区对岸线无序开发和过度开发,不注意治理保护,缺乏有效的控制手段,部分河段建设项目过于集中,对河道壅水的累积效应已影响到防洪安全和河势稳定。部分小型工程大量占用岸线资源,使深水泊位变成浅水泊位,并同时占用较长的岸线,造成岸线资源浪费,一些先期建设的码头因管理等问题无力经营形成阻水障碍。部分地区的岸线利用项目未能处理好上下游、左右岸之间的关系,部分界河道两岸各自为政,竞相开发利用,不利于岸线资源的保护,给河道岸线资源的利用管理带来困难。

(4)岸线利用管理依据不足,缺乏统一规划和规范的管理政策制度。

由于缺乏统一的岸线利用管理规划的指导和相关的管理制度、政策,岸线界定没有统一规范的标准,岸线界限范围尚不明确,涉河项目开发建设利用的区域是否侵占岸线的性质难以确定,管理和审批依据不足,给岸线资源的科学合理利用和管理造成困难。虽然近年来在河道管理方面加强了岸线利用的依法管理,但由于缺乏统一规划和技术论证,难以从根本上有效规范和调节岸线利用行为。

目前,岸线资源利用基本上是无偿开发利用,缺少有效的经济调控手段,与国家在大江大河治理方面的巨额投入不相适应,不利于岸线资源的节约使用和合理开发。

2.2　岸线管理面临的形势

改革开放以来,我国经济持续增长,工业化、城镇化进程步伐加快,对河道岸线利用的要求越来越高,沿河占用岸线的开发活动日益增多,对岸线资源利用的要求也越来越迫切。特别是长江中下游地区、淮河中下游地区、珠江三角洲地区和城市河段等经济发达、人口稠密、土地资源紧缺地区,河道两侧和湖泊周边岸线的现状利用程度已较高。

随着经济社会的快速发展,带动基础设施建设项目日益增加,将对岸线资源的利用提出更高的要求。从我国经济社会发展总体趋势看,在今后相当长一段时期内,七大江河流域防洪、航运、供水和水生态环境保护的任务十分关键。由于缺乏统一的规划,导致岸线利用管理缺乏技术依据,资源配置不合理、无序过度开发、多头管理等诸多问题已显现。一些不合理甚至违法的岸线利用侵占了滩涂和河道,或将一些项目布置在河势不稳定的河段,加剧了不稳定的演变趋势,部分河段由于涉水建筑物阻水面积过大或过于密集,造成塞水严重,直接影响防洪、供水、航运安全和河势稳定,国家需要投入大量的资金进行河道整治和防洪工程建设才能消除其影响。部分河道岸线利用项目不符合河段水质保护要求,降低了水功能区环境等级,甚至还挤占了水源保护区和入江河口岸段。有些地方将河道滩涂作为其他建设项目占用耕地的占补平衡用地。目前,部分地区对河道、水域的侵占已经十分严重。

保障防洪、供水、航运安全,维系河湖健康生态,合理利用和有效保护岸线资源,实现人水和谐是新时期治水的新思路,必须通过科学规划,明确不同河流、不同河段岸线的功能定位,制订相应的合理开发和保护方案,做到在开发中保护,在保护中开发。不断建立和健全法律、规章制度,严格执行行政许可制度,做到有效监管,合理利用,将河道岸线资源的开发利用纳入科学管理和可持续发展的轨道,防止河道岸线的过度开发和低效利用以最少的资源消耗、最小的环境影响,实现最好的经济社会效益,是岸线利用管理面临的一项十分重要的任务。

2.3　岸线网格划分基本规定研究

为确保网格划分与岸线功能区划相一致,建议在完成岸线功能规划的基础上开展网格划分。

2.3.1　划分原则

(1)保护优先、合理利用。网格划分坚持保护优先,把岸线保护作为划分前提,实现在保护中有序开发、在开发中落实保护。协调城市发展、产业开发、生态保护等方面对岸线的利用需求,促进岸线合理利用、强化节约集约利用。做好与生态保护红线划定、空间规划等工作的相互衔接。

(2)统筹兼顾、科学布局。网格划分遵循河湖演变的自然规律,根据河道自然条件,充分考虑防洪安全、河势稳定、生态安全、供水安全等方面要求,兼顾上下游、左右岸、不同地区及不同行业的开发利用需求,科学布局河湖岸线生态空间、生活空间、生产空间,在合理划定划分岸线功能分区的基础上确定河道网格。

(3)依法依规、从严管控。网格划分按照《中华人民共和国水法》《中华人民共和国防洪法》《中华人民共和国河道管理条例》等法律法规的要求,针对岸线利用与保护中存在的突出问题,强调制度建设、强化整体保护、落实监管责任,确保单元网格得到有效保护、合理利用和依法管理。

(4)远近结合、持续发展。网格划分既考虑近期经济社会发展需要,节约集约利用岸线,又充分兼顾未来经济社会发展需求。特别将网格划分与做好岸线保护相结合,既要为远期发展预留空间,也要划定一定范围的保留区,做到远近结合、持续发展。

2.3.2　划分范围与水平年

（1）适用范围。依据水利部印发的《河湖岸线保护与利用规划编制指南》要求，网格划分对象为流域面积 1 000 km² 以上，或岸线保护与利用矛盾突出、管理任务较重，岸线保护利用对保障流域和区域防洪、供水、水生态安全具有重要作用的河流。

（2）划分水平年。由各级河长制办公室牵头组织编制的本级主要河道网格划分，划分的现状基准年为 2018 年，规划水平年为 2030 年。

2.3.3　划分依据

（1）主要法律法规。包括《中华人民共和国水法》《中华人民共和国防洪法》《中华人民共和国水土保持法》《中华人民共和国水污染防治法》《中华人民共和国环境保护法》《中华人民共和国城乡规划法》《中华人民共和国土地管理法》《中华人民共和国河道管理条例》《中华人民共和国水文条例》《中华人民共和国自然保护区条例》《中华人民共和国风景名胜区条例》等。

（2）主要规程规范和标准。包括《江河流域规划编制规程》（SL 201—2015）、《防洪标准》（GB 50201—2014）、《堤防工程设计规范》（GB 50286—2013）、《堤防工程管理设计规范》（SL 171—96）、《河道整治设计规范》（GB 50707—2011）、《水利水电工程设计洪水计算规范》（SL 44—2006）、《水利水电工程水利计算规范》（SL 104—2015）等。

（3）中央有关文件精神。包括党的十九大会议精神以及习近平总书记系列重要讲话精神和《关于加快推进生态文明建设的意见》《关于全面推行河长制的意见》《关于在湖泊实施湖长制的指导意见》《关于划定并严守生态保护红线的若干意见》等有关文件。

（4）有关规划文件。包括《生态文明体制改革总体方案》《全国水资源综合规划》《全国抗旱规划》《水利改革发展"十三五"规划》《全国第三次水资源调查评价》《水利部关于加快推进河湖管理范围划定工作的通知》《关于印发〈生态保护红线划定指南〉的通知》等。国家或地方批准的国土规划、区域规划、城市规划、试点省区空间规划、各省区生态保护红线划定方案、区域发展有关意见以及其他地方有关规划和实施方案。

2.4 网格边界线划定研究

以岸线功能区划为依据,将河道划分为"1个水域带状网格和4类岸线功能区网格",并依托信息化等现代技术手段,实现对河道精细化、精准化管理。水域管理和岸线管理是河道网格化管理的重点内容。河道网格划分体系见图2-2。

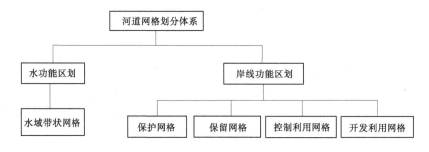

图 2-2 河道网格划分体系

(1)横向边界线划定。横向边界线划分主要以岸线功能区划分为依据。主要根据河岸线的自然属性、经济社会功能属性以及保护和利用要求划定的不同功能定位的区段,分为岸线保护区、岸线保留区、岸线控制利用区和岸线开发利用区。对应网格划分为岸线保护网格、岸线保留网格、岸线控制利用网格和岸线开发利用网格。其中:

①岸线保护网格是指岸线开发利用可能对防洪安全、河势稳定、供水安全、生态环境、重要枢纽和涉水工程安全等有明显不利影响的岸段。

②岸线保留网格是指规划期内暂时不宜开发利用或者尚不具备开发利用条件、为生态保护预留的岸段。

③岸线控制利用网格是指岸线开发利用程度较高,或开发利用对防洪安全、河势稳定、供水安全、生态环境可能造成一定影响,需要控制其开发利用强度、调整开发利用方式或开发利用用途的岸段。

④岸线开发利用网格是指河势基本稳定、岸线利用条件较好,岸线开发利用对防洪安全、河势稳定、供水安全以及生态环境影响较小的岸段。

(2)纵向边界线划定。纵向边界线划分主要以岸线边界线为依据。主要是指沿河流走向沿岸周边划定的用于界定各类岸线功能区垂向带区范围的边界线,分为临水边界线和外缘边界线。

①临水边界线是根据稳定河势、保障河道行洪安全和维护河流湖泊生态等基本要求,在河流沿岸临水一侧顺水流方向沿岸周边临水一侧划定的岸线带区内边界线。

②外缘边界线是根据河流岸线管理保护、维护河流功能等管控要求,在河流沿岸陆域一侧沿岸周边陆域一侧划定的岸线带区外边界线。

2.4.1　网格与边界线划分基本要求

(1)网格划分须服从流域综合规划、防洪规划、水资源规划对河流开发利用与保护的总体安排,并与防洪分区、水功能区、自然生态分区、农业分区和有关生态保护红线等区划相协调,正确处理近期与远期、保护与开发之间的关系,做到近远期结合,突出强调保护,注重控制开发利用强度。

(2)根据岸线保护与利用的总体目标,按照保护优先、节约集约利用原则,充分考虑河流自然属性、岸线的生态功能和服务功能,统筹协调近远期防洪工程建设、河流生态保护、河道整治、航道整治与港口建设、城市建设与发展、土地利用等规划,保障岸线的可持续利用。

(3)根据河流水文情势、水沙状况、地形地质、河势变化等条件和情况,充分考虑上下游、左右岸区域经济社会发展的需求,协调好各方面的关系,明确岸线保护利用要求。

(4)对于经济较发达地区的岸线和城市河段岸线,由于开发利用程度已较高,岸线资源已非常紧缺,因此应充分重视河道防洪、生态环境保护、水功能区划等方面要求,避免过度开发利用。

(5)河流的城市段和中下游经济发达的地区岸线开发利用程度较高,而岸线资源紧缺,各行业对岸线利用的需求仍然十分迫切,功能区段划分宜综合考虑各方面的需求,结合规划河段开发利用与保护的实际情况,对岸线功能网格进行细划。

(6)对于岸线开发利用要求相对较低,经济发展相对落后的农村河段,或位于上游两岸人口稀少的山丘区河道,可结合实际情况适当加大单个功能网格的长度。

(7)岸线功能分区网格应在已划分的岸线控制线的带状区域内合理进行划分,划定时应尽可能详细具体,以便于管理。

2.4.2　网格划分

网格划分与岸线功能区划分保持一致,应突出强调保护与管控,尽可能提高岸线保护网格、岸线保留网格在河流岸线功能区中的比例,从严控制岸线开发利用网格和控制利用网格,尽可能减小岸线开发利用区所占比例。

(1)岸线保护网格划定。原则上国家和省级人民政府批准划定的各类自然保护区的河段岸线、重要水源地河段岸线划定为岸线保护区。地表水功能区划中已被划为保护区的相应河段岸线划为岸线保护区;对流域或区域水资源开发利用与保护等方面,作用显著的水利枢纽工程,其大坝和回水区对应的河段岸线。同时,达到下列标准的,也划分为岸线保护网格:

①引起深泓变迁的节点段或改变分汊河段分流态势的分汇流段等重要河势敏感区岸线。

②列入集中式饮用水水源地名录的水源地,其一级保护区应划为岸线保护网格,列入重要饮用水水源地名录的。

③位于国家级和省级自然保护区核心区和缓冲、风景名胜区核心景区等生态敏感区,法律法规有明确禁止性规定的,需要实施严格保护的各类保护地的河岸线。

④根据地方划定的生态保护红线范围,位于生态保护红线范围的河岸线,按红线管控要求划定为岸线保护网格。

(2)岸线保留网格划定。对于河势不稳定,或河道治理和河势控制方案尚未确定或尚未实施,或为防洪等水利建设预留较大空间的河段岸线;重要堤防一定范围需改线的区段,或重要的城市工业水源、自备水源集中区段,或为航电枢纽等重要工程建设预留用地的河段岸线;重要河口区段,其汇入后的区域防洪保安、河势稳定、水资源利用、生态环境等方面可能对本河段岸线利用有特定要求。同时,达到下列标准的,也划分为岸线保留网格:

①对河势变化剧烈、岸线开发利用条件较差,河道治理和河势调整方案尚未确定或尚未实施等暂不具备开发利用条件的岸段。

②位于自然保护区的试验区、水产种质资源保护区、重要湿地及森林公园生态保育区和核心景区、地质公园地质遗迹保护区、世界自然遗产核心区和缓冲区等生态敏感区,但未纳入生态保护红线范围内的河岸线。

③已列入国家或省级规划,尚未实施的防洪保留区、水资源保护区、供水水源地的岸段。

④为生态建设需要预留的岸段。

⑤对虽具备开发利用条件,但经济社会发展水平相对较低,规划期内暂无开发利用需求的岸段。

(3)岸线控制利用网格划定。城市区大部分区段开发利用程度相对较高,现状岸线利用对防洪、河势控导、供水和河流生态安全等有一定影响但不严重,进一步的岸线开发利用具有一定潜力,但需要加强对岸线利用活动进行指导和管理的河段岸线;在现状和规划开发利用比较集中且对防洪以及维护河流健康没有严重影响,但又需要对开发利用的规模和类型进行一定程度控制的河段岸线;现状开发利用程度很低,岸线利用需求不明显,但进一步开发利用对防洪、供水和河流生态安全可能造成一定影响,需要控制开发利用行为的河段岸线。同时,达到下列标准的,也划分为岸线保留网格:

①对岸线开发利用程度相对较高的岸段,为避免进一步开发可能对防洪安全、河势稳定、供水安全、航道稳定等带来不利影响,需要控制或减小其开发利用强度的岸段。

②重要险工险段、重要涉水工程及设施、河势变化敏感区、地质灾害易发区、水土流失严重区需控制开发利用方式的岸段。

③位于风景名胜区的一般景区、地方重要湿地和地方一般湿地、湿地公园以及饮用水源地二级保护区、准保护区等生态敏感区未纳入生态红线范围,但需控制开发利用方式的部分岸段。

(4)岸线开发利用区划定。城市区或城乡结合区部分河段,河势稳定或基本稳定并有特定功能要求,现状岸线利用程度较低,开发潜力较大,或现状岸线利用程度较高,但仍有一定开发潜力,需有计划、合理地建设较大数量的景观、绿地、旅游、生态等岸线开发利用项目,以适应区域经济发展、城市建设、生态环境建设等要求。经分析,岸线开发利用对河势稳定、防洪安全、供水安全及河流健康、现状岸线利用影响较小,进一步开发利用亦无不利影响的河段岸线,划为岸线开发利用区。但要在规划中充分体现岸线的集约节约利用。

2.4.3　纵向边界线划定

纵向边界线,即岸线控制线,是指沿河流水流方向或湖泊沿岸周边为加强岸线资源的保护和合理开发而划定的管理控制线,包括临水控制线和外缘控制线。临水控制线是指为稳定河势、保障河道行洪安全和维护河流健康生命的基本要求,在河岸的临水一侧顺水流方向或湖泊沿岸周边临水一侧划定的管理控制线。外缘控制线是指岸线资源保护和管理的外缘边界线,一般以堤防工程背水侧管理范围的外边线作为外缘控制线,对无堤段河道以设计洪水位与岸边的交界线作为外缘控制线。在外缘控制线和临水控制线之间的带状区域即为岸线。任何进入外缘控制线以内岸线区域的开发利用行为,都必须符合岸线功能区划的规定及管理要求,且原则上不得逾越临水控制线。

（1）临水边界线划定。临水边界线应按照以下原则或方法划定，并尽可能留足调蓄空间。

①对河道滩槽关系明显、河势较稳定的河段，采用滩槽分界线作为临水控制线（见图2-3）。已有明确治导线或整治方案线（一般为中水整治线）的河段，以治导线或整治方案线作为临水边界线。

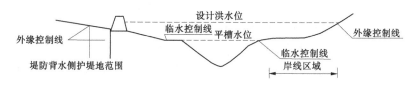

图 2-3　第一种岸线控制线确定方式示意

②对河道滩槽关系不明显，河势较稳定的河段，采用平槽水位与岸边的交界线，或主槽外边缘线作为临水控制线；对于难以确定平槽水位与岸边交界线的，采用堤防临水侧管理范围边缘线或堤脚线，或二级台地高坎线作为临水控制线（见图2-4）。平原河道以造床流量或平滩流量对应的水位与陆域的交线或滩槽分界线作为临水边界线。

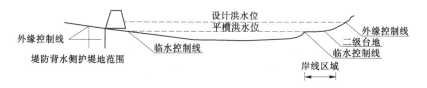

图 2-4　第二种岸线控制线确定方式示意

③对于已建、在建枢纽工程，考虑其回水等影响，在尖灭点以下至枢纽大坝之间的河段，按实际征地高程与岸边的交界线，作为临水控制线。

④山区性河道以防洪设计水位与陆域的交线作为临水边界线。

（2）外缘边界线划定。根据《水利部关于加快推进河湖管理范围划定工作的通知》（水河湖〔2018〕314号），可采用河流管理范围线作为外缘线，但不得小于河湖管理范围线，并尽量向外扩展。

①对于已建有堤防工程的河段，一般在工程建设时已划定堤防工程的管理范围，外缘控制线采用已划定的堤防工程管理范围的外缘线；对部分未划定堤防工程管理范围的河段，参照《堤防工程管理设计规范》（SL 171—96）及各地有关规定，并结合工程具体情况，根据不同级别的堤防合理划定。一般指堤防背水侧护堤地宽度，1级堤防防护堤宽度为30~20 m，2、3级堤防为20~10 m，

4、5 级堤防为 10~5 m。

②对于无堤防的河道采用河道设计洪水位与岸边的交界线作为外缘控制线;对已规划建设堤防工程而目前尚未建设的河段,根据工程规划要求,以规划堤防管理范围外缘线划定外缘控制线。

③已规划建设防洪工程、水资源利用与保护工程、生态环境保护工程的河段,应根据工程建设规划要求,预留工程建设用地,并在此基础上划定外缘边界线。

④堤防背水侧为蓄滞洪区预留用地,不划外缘控制线。

2.4.4　河道管理网格划分成果表示

(1)岸线功能网格划分成果包括图件和表格。

(2)岸线功能网格应在 1∶10 000~1∶5 000 比例尺地形图上绘制。

(3)为便于今后岸线网格管理,在地形图上绘制岸线功能网格时,应确定功能区控制点坐标。

(4)在岸线功能网格图中应采用不同颜色对 4 类功能区域加以区别(岸线保护网格为红色,岸线保留网格为紫色,岸线控制利用网格为黄色,岸线开发利用网格为蓝色)。

(5)在电子图上量出功能网格的岸线长度和面积,填入成果表,并于岸线控制线成果表中列出。

2.5　网格管理重点内容研究

河道网格管理包括网格控制线和网格功能区的管理。一般而言,岸线利用将会对防洪安全、河势控制、水资源利用、生态与环境保护等带来不同程度的影响。网格控制线是保障防洪安全、河势稳定、水资源合理利用和水生态环境等要求的基本控制指标,岸线利用必须遵守控制线的基本要求,对各功能区而言,由于岸线利用与保护的目标不同,即使是同一类型的功能网格,因划定网格功能时岸线利用与保护的目标不同,各网格功能区的管理规划意见和控制利用要求也有所区别,按照防洪、河势控制、航运、供水及水生态环境保护的总体要求,结合网格控制线管理要求和不同网格功能区的实际情况,针对不同岸线利用类型对各功能区的影响敏感程度,确定各网格功能区开发利用的控制指标,提出各网格功能区岸线利用与保护的管理意见。

2.5.1　网格控制线管理研究

划定的岸线网格建议有该河流同级"河长制"办公室负责管理。为确保网格划分与岸线功能区划一致,建议在完成岸线功能规划的基础上开展网格划分。

网格岸线利用必须保障河势稳定、防洪安全、供水安全、通航安全,保护水生态环境,在满足行洪安全的前提下,实现岸线的合理开发、科学保护、有效管理,必须对网格岸线管理范围加以界定。网格控制线是确定岸线管理范围的重要依据,包括位于河道内的临水控制线和位于河道外的外缘控制线,临水控制线与外缘控制线之间的岸线区域为网格功能区。

网格临水控制线是为保障河流畅通、行洪安全、稳定河势和维护河流健康生命的基本要求,对进入河道范围的岸线利用项目加以限定的控制线,除防洪及河势控制工程外,任何阻水的实体建筑物原则上不允许逾越临水控制线,确需越过临水控制线穿越河道的岸线利用建设项目,必须充分论证项目的影响,提出穿越方案,并经有审批权限的水行政主管部门审查同意后方可实施,桥梁、码头、管线等需超越临水控制线的项目,超越临水控制线的部分应尽量采取架空、贴地或下沉等方式,尽量减小占用河道过流断面。

网格外缘控制线是岸线资源保护和管理的外缘边界线,进入外缘控制线的建设项目必须服从岸线利用管理规划的要求。

2.5.2　网格功能管理研究

根据网格岸线利用管理规划的功能区划分成果,综合考虑各流域及沿江地区经济社会发展水平,对岸线保护网格、岸线保留网格,岸线控制利用网格和岸线开发利用网格分别提出管理规划意见。

2.5.2.1　岸线保护网格管理

有效保护是岸线保护网格管理的首要目标。要结合不同岸线保护的具体要求确定其保护目标,有针对性地提出岸线保护网格的管理意见,确保实现岸线保护网格的保护目标。

根据岸线功能网格划分的情况综合分析,为保障流域防洪安全而划分为岸线保护网格的河段包括 4 种类型:①防洪安全较为重要或防洪压力较大的河段;②重要的水利枢纽工程、分蓄洪区分洪口门上下游局部河段;③重要险工段;④河势不稳的山洪河道支流河口段,在岸线保护区网格内除必须建设的防洪工程、河势控导、结合堤防改造加固进行的道路以及不影响防洪的生态保护建设工程外,一般不允许其他岸线开发利用行为,对北方河流滩区,保护区内除当地农民可在岸线区域内进行正常的农业生产和生活等活动外,禁止其他岸线利用行为和建设生产堤和围滩造地。

为实现水资源保护而划为岸线保护网格的河段有 3 种类型:①地表水功能区划中已被划为保护区的河段;②重要水源地河段;③重要引调水口门区河段,对这类岸线保护区,在岸线功能区内可建设水资源开发利用的取水口、边滩水库等,禁止建设影响水资源保护的危险品码头、排污口、电站排水口、滩涂围垦等,其他建设项目必须经过充分论证,在不影响水质的条件下,可有控制地适当建设。

为保护水生态、珍稀濒危物种及自然人文景观保护而划定的岸线保护区,除防洪、河势控制及水资源开发利用工程外,原则上禁止工程建设。若为国家经济社会需要,必须建设的重要跨(穿)设施及生态环境保护必要的基础设施,必须进行充分论证评价,经水行政主管部门、国家自然保护区和文物管理相关部门审查批准后方可实施。

2.5.2.2　岸线保留网格管理

岸线保留网格的管理应十分重视是否具备岸线开发利用条件及对水环境的影响等。除防洪、河势控制及险工治理和水资源利用工程外,原则上禁止其他岸线利用建设项目。

岸线保留网格包括防洪保留区、规划的重要水源地和河口围垦区,以及河势变化剧烈河道治理和河势方案尚未确定的河段岸线区。规划期内确需在岸线保留区内建设的国家重点项目,应按照水行政主管部门的要求,提出防洪治理与河势控制方案,经分析论证对防洪和河势变化无较大影响的情况下,经有关部门审批同意后方可实施,在防洪治理及河势控制方案确定并实施后,应根据河道整治及防洪工程实施后的情况,对岸线稳定性河势变化等进行分析论证,进一步明确岸线的开发利用条件。

2.5.2.3　岸线控制利用网格管理

岸线控制利用网格是指因开发利用岸线资源对防洪安全、河势稳定、河流生态保护存在一定风险,或开发利用程度已较高,进一步开发利用对防洪河势、供水和河流生态安全等造成一定影响,而需要控制其开发利用程度或开发利用方式的岸线区段。对岸线控制利用网格的岸线利用项目,应重视和加强管理,注重岸线利用的指导与控制,以实现岸线资源的可持续利用。

对现状开发利用程度已较高,继续大规模开发利用岸线对防洪安全,河势稳定,水资源保护可能产生影响的岸线控制利用网格,必须严格控制新增开发利用项目的数量和类型,避免因岸线开发利用程度不断增加给防洪、河势稳定和水生态环境保护带来不利影响,使岸线利用对防洪影响的累积效应最小。对部分不利影响较大的岸线利用项目,应结合实际情况进行必要的调整。

岸线利用项目对防洪安全、河势稳定、河流水生态保护可能造成一定影响的岸线控制利用网格,要有针对性地加以控制和引导,要根据流域总体的防洪布局,以及左右岸、上下游不同的防洪形势,严格控制岸线利用项目对防洪的累积效应。对防洪安全和河势稳定产生一定影响的岸线利用项目,建设单位必须提出相应的处理措施,承担必要的防洪、河势稳定影响补偿责任,消除其影响或使影响降低到最低程度。在以水资源及水生态保护为目标划定的岸线控制利用区内,要严格控制岸线利用项目的类型及利用方式,严禁建设对水资源及水生态保护有影响的危险品码头、排污口、电厂排水口、电厂灰场等项目对于部分划分为岸线控制利用区的洲岛岸线,要严格执行流域防洪规划确定的防洪标准和实施方案的要求,岸线利用项目不得超标准建设,不得影响主流、支流的水流动力条件。

2.5.2.4　岸线开发利用网格管理

岸线开发利用网格内一股河势基本稳定,无特殊生态保护要求或特定功能要求,岸线利用项目对河道防洪安全、河势稳定、供水安全及河流健康影响相对较小,岸线开发利用网格的管理,必须符合《中华人民共和国防洪法》《中华人民共和国水法》《中华人民共和国环境保护法》《中华人民共和国河道管理条例》等国家有关法律法规的规定,充分考虑沿河地区经济社会发展的需要,根据地方城乡建设规划等相关规划,严格执行防洪影响评价、水资源论证和环境影响评价等相关行政审批制度,在不影响防洪、航运安全、河势稳定、水生态环境的情况下,科学合理地开发利用。

2.6　岸线网格利用调整要求

岸线网格管理的目标是在保障河道行(蓄)洪安全、维护河流健康的前提下,科学合理地利用与保护岸线资源,实现岸线资源的科学管理,合理利用,有效保护;按照保障防洪安全,维护河势稳定,充分考虑水资源利用与保护,航运及保护水生态环境、珍稀濒危物种以及独特的自然人文景观等方面的要求,确定岸线网格调整的总体要求如下。

2.6.1　保障防洪安全

河道行(蓄)洪安全是国民经济可持续发展,以及岸线资源利用与保护的重要前提条件,岸线网格管理应把保障防洪安全放在尤为突出的重要位置。按照保障防洪安全的要求,岸线网格内利用项目的调整包括以下方面:

(1)清除河道岸线范围内城区、工业企业、住宅等阻水建筑物,清理阻碍行(蓄)洪的滩地占用,实施农村段围堤(生产堤)、套堤清退,清退影响行洪的农田、水产养殖等项目,清除河道中种植的高秆作物。

(2)拆除影响防洪安全的浮桥等阻水建筑物,复核河段内多个桥梁的阻水作用,对阻水严重的桥梁、码头实施必要的改建,减小岸线利用项目对河道行(蓄)洪的影响。

(3)依据防洪安全目的而划定的岸线保护网格,要清除该河段内现有影响防洪安全的岸线开发利用项目。

(4)严格按照岸线网格利用管理的要求,对超越和侵占临水控制线的岸线利用项目实施清退和改建。

2.6.2　水资源与水环境保护

水资源是国民经济可持续发展的战略资源,水资源短缺是我国的基本国情之一,岸线利用应重视水资源和水环境保护,合理确定各功能网格内的岸线利用项目,按照水资源与水环境保护的要求,岸线网格利用项目的调整包括以下方面:

(1)严格控制排污口水质达标排放和污染负荷总量控制,对无法达标排放或污染负荷总量超标的排污口应限期治理,必要时应对其占用岸线的位置予以调整。

(2)清退水源地保护区内影响水资源保护的排污口、垃圾处理厂、矿渣堆场、污染企业、砂石码头等岸线利用项目,对影响水源地水质控制指标的码头等建设项目加以清理和调整。

(3)对现有和规划调水水源地有重大影响的岸线利用项目,或规划引调水取水口附近且对今后工程建设有明显不利影响的岸线利用项目,应予以调整或迁建。

2.6.3　协调上下游、左右岸关系

(1)应协调上下游岸线利用与保护的关系,对水生态或水资源保护区的

上游河段,要严格禁止上游地区岸线利用类型,避免对下游保护区可能产生的不利影响,对已产生明显影响的岸线利用项目应坚决予以清退和调整。

(2)对左右岸的港口码头和取排水口犬牙交错相互影响的岸线利用项目,应按照规划的岸线控制线和功能区要求,采取调整和清退措施。

(3)应统筹考虑防洪安全、河势稳定与沿江城乡建设的关系,对影响防洪、河势稳定和城市建设规划的岸线利用项目应实施清退。

2.6.4　合理配置岸线资源,实现有序、高效利用

按照优化配置岸线资源,实现岸线资源的有序、高效利用和有效保护要求,岸线网格利用项目的调整包括以下方面:

(1)对岸线资源利用效率不高的项目予以调整,将优良岸线资源合理配置,有利于当地经济社会可持续发展。

(2)将可以集中布置的岸线开发利用项目集中布置,节约有限的岸线资源,促进多个利益主体共享岸线。

(3)重视对岸线利用项目占用岸线长度的合理性评价,避免过多占用岸线或占用的岸线闲置。

2.7　岸线网格管理保障措施

2.7.1　依法管理岸线开发利用行为,保障岸线资源合理利用

深入贯彻执行《中华人民共和国防洪法》《中华人民共和国水法》《中华人民共和国水污染防治法》和《中华人民共和国河道管理条例》,对占用河道岸线的建设项目实施严格的管理。逐步建立,完善河道岸线利用管理的相关法规,探索实行岸线占用许可制度、岸线水域有偿使用制度,使岸线资源得到合理利用和有效保护。

任何占用岸线的建设项目必须符合防洪标准、岸线规划、航运和保护水生态环境的要求,不得危害防洪、供水、航运安全和河势稳定,在可行性研究报告按基本建设程序报请相关主管部门批准前,应编制工程防洪影响评价报告,对岸线利用及相应的影响进行分析论证,按照流域和区域相结合的管理要求,工程建设方案应报请相应的水行政主管部门审查同意,项目实施时,并要申请办理开工手续,按水行政主管部门审查批准的位置和界限进行竣工验收时,应当有水行政主管部门参加。在河道取水的岸线利用项目,应同时执行《取水许

可制度实施办法》的有关规定,不得肆意侵占岸线和影响水生态环境,岸线利用项目必须按照规划的岸线网格控制线和岸线网格功能分区确定的要求,根据不同岸段开发利用与保护的目标,实施区别管理,严格保护、合理利用、科学引导、有序开发,对水源岸线保护网格、自然岸线保护区及重要生态功能岸线保护区要严加保护,不得侵占,严禁影响水质和破坏生态的岸线利用活动;对控制利用网格的开发利用的类型、工程布局、设施建设等应加强引导与管理;岸线利用项目应符合《中国水功能区划》规定的水质目标,实行达标排放控制和污染物总量控制,严禁难以达标处理的"三废"项目和不符合水功能区分区水质要求的项目建设。

2.7.2 建立岸线开发利用与保护相结合的管理体制

河道岸线网格管理应坚持开发与保护并重,切实做到"开发中有保护,保护中有开发"。在岸线建设项目的实施过程中应根据河道岸线利用管理规划的要求,从计划安排、项目审查、设施建设、运行管理到经济调控、投资政策等,多方面推进岸线利用与保护相互衔接。港口码头、仓储、过河通道、取水口、生活旅游以及生态保护等各类岸线开发利用建设项目,选址和布局要符合岸线功能区划和控制利用管理意见的要求。

按照《中华人民共和国防洪法》规定"开发利用和保护水资源,应当服从防洪总体安排,实行兴利与除害相结合的原则",进一步做好各相关规划在岸线利用与保护间的对应和衔接、协调工作。强化岸线网格开发利用的协调和统筹管理,建立行政部门会商制度,协调和解决岸线开发利用中的重大问题,逐步建立健全岸线利用与保护相结合的管理体制。

2.7.3 加强综合整治,建立岸线利用与河道整治相适应的投入机制

建立完善的投资保障机制是顺利实施工程建设的关键,如果没有资金保障,岸线网格管理的各项工程措施也很难顺利实施,应当完善以政府财政为主体的多元化、多渠道的社会投资融资体系,发挥市场机制的作用,吸引社会资金投入河道治理工程。

河道综合整治工程是岸线利用的基本条件,为优化岸线资源利用,充分发挥岸线资源对经济社会发展的服务功能,实现流域综合治理和岸线利用与保护的管理目标,应加大河道治理的资金投入,加快河道综合整治步伐,逐步建立河势整治控制与岸线开发利用相适应的投入机制,加强河道综合整治工程建设。建立完善的投资保障机制是顺利实施工程建设的关键,要完善以政府

财政为主体的多元化、多渠道的社会投资融资体系,发挥市场机制的作用,吸引社会资金投入,实行多元化、多渠道社会筹资,引导和推进岸线开发利用项目与相关河段防洪和河势整治工程的有机结合;鼓励和支持有利于巩固防洪安全,促进河势稳定的岸线利用项目先行实施,为岸线利用、管理提供基础保障,建立完善规划实施评估,防洪和河势稳定与岸线开发利用相互适应程度的定期评估制度和动态推进办法,进一步加大有利于河势稳定的护岸工程建设,提高河道整治水平,结合岸线开发利用项目,部署和推进关键河段的河势控制整治工程,为岸线利用与保护创造有利条件。

2.7.4 发挥经济杠杆调节作用,研究完善岸线有偿使用政策和影响补偿制度,促进集约利用

为有效保护岸线资源,在加强依法管理的同时,应逐步推进和建立岸线有偿使用和影响补偿制度,研究提出岸线资源有偿使用的管理政策和办法,促进岸线资源的集约和合理利用。通过经济杠杆作用实现岸线资源的集约化利用和治理开发相结合的良性运行机制,对防洪、水生态环境、航运及河势稳定等有不利影响的岸线利用项目,应限期整改,对造成重大影响的岸线利用项目,应按照《中华人民共和国防洪法》《中华人民共和国水法》等国家法律和法规要求,予以处罚。

2.7.5 加强监测分析和科学管理水平

加强河流水文情势、河势及河床变化和水质的监测,分析岸线网格开发利用与河道治理工程的相互关系,实施动态监控管理;加强治理和保护的科学研究,提高信息化管理水平,逐步形成包括规划实施信息反馈、阶段评估、调控引导等措施;统筹防洪、航运、河势稳定和水生态环境保护及岸线利用与保护之间的关系,建立和完善岸线资源利用与保护的科学管理制度,实现人水和谐,促进岸线资源的可持续利用,更好地服务于经济社会发展的需要。

第 3 章　研究典型区—— 关川河基本概况

3.1　流域概况

关川河流域地处甘肃省中部,位于东经 104°14′~105°02′、北纬 35°17′~36°11′,流域总面积 2 839 km²,其中安定区境内 2 755.19 km²,占全境面积 3 638 km² 的 75.7%。关川河是黄河流域、黄河干流水系祖厉河的一级支流,主河道全长 104 km,安定区境内 80.06 km,占总河长的 77%。流域内黄土埋深厚,河谷下切深,植被少,下垫面条件差,水土流失十分严重。其上游分东、西河两支,其中东河发源于安定区与通渭县的交界地带华家岭,海拔 2 457 m,流经宁远、李家堡、定西,干流长 48.8 km,河道纵坡 4.05‰,流域集水面积 791 km²;西河发源于内官南山及胡麻岭东北麓,由西南向东北流经符川、高峰、东岳、内官、香泉、凤翔等乡(镇),干流长 67.5 km,干流平均纵坡 4.5‰,流域集水面积 634 km²。关川河东、西河交汇口以上流域面积 1 425 km²,两河在定西城区汇合后沿西北方向流过巉口后,转为东北经鲁家沟进入会宁县境,在郭城镇入祖厉河。关川河在安定区内支流较少,另外一条主要支流称钩河位于巉口西部,由西向东流经称钩,在巉口镇汇入关川河。关川河水系分布见图 3-1。

3.2　自然条件

定西市安定区位于甘肃省中部偏南,地跨东经 104°12′48″~105°01′06″,北纬 35°17′54″~36°02′40″,南北长 82.9 km,东西宽 73.3 km,东面和东北面与会宁县接壤,西面和北面与榆中县毗邻,西南和临洮县交界,南面与渭源、陇西相连,东南和通渭县邻接。地势自西南向东北倾斜,最高处在西南部高峰乡城门寨,海拔 2 577.3 m;最低处在北部关川河谷地,海拔 1 671.3 m;城区海拔 1 898.7 m。

3.2.1　地貌

关川河流域属陇中黄土高原丘陵沟壑区,地势由西南向东北倾斜,南高北

图 3-1　安定区关川河水系

低,地貌主要为小型山前盆地和河谷平原地貌。其中内官营、香泉盆地四周为基岩低山及梁峁状黄土丘陵所环抱,盆地内主要为低缓陇岗状洪积黄土台地及近代冲积、洪积平原;关川河及其支流西河、东河、称钩河两侧为典型的河谷平原地貌,河谷阶地宽数百米至 3 000 m,呈树枝状嵌入黄土丘陵中。大体可分为 4 类:一是北部高丘陵沟壑区。包括白碌、石峡湾、新集、葛家岔等乡镇,其相对高度 150 m 以上。深沟大涧,水源极缺,农业生产很不稳定。二是中部丘陵沟壑区。包括巉口、凤翔、内官营、团结、李家堡等乡镇的大部分地区,相对高度 150 m 以下,坡度 15°以下,地势稍平缓。耕地多在山的中下部缓坡地带,属半干旱山区,适宜发展农业。三是南部低山浅山区。低山区相对高度 250~500 m,坡度 30°以上,地势高,气候湿润,植被良好,但因热量条件差,作物成熟多无保障。高峰、内官营、香泉、杏园等乡镇的部分或大部均属于这类地区。四是河谷区。关川河、西巩河、西河、东河、称钩河沿岸,多为冲积平川。地势平坦,起伏在 10 m 以下,河谷宽度 2 500~5 000 m,是安定区人口稠密,文化、交通比较发达,农业生产较高的地区,包括凤翔、内官、巉口、鲁家沟、西巩驿、李家堡、宁远等乡镇的大部。

3.2.2　地质

关川河流域主要为河谷地带,在关川河及其一级支流东河、西河、称钩河等两岸早期冲积堆积层地带,总厚 80~100 m。下层为上第三系中更新统橘红色砂砾岩、泥质砂岩、泥岩、砂质泥岩和泥质砂岩互层,由下而上颗粒渐细,构成河谷Ⅰ、Ⅱ级阶地及河漫滩。上层为上更新统冲积物。阶地自下而上一般由砾岩、亚砂土、亚黏土、黄土状亚砂土构成。根据《中国地震动参数区划图》(GB 18306—2015),50 年超越概率为 10%,地震动峰值加速度为 $0.15g$(相应地震基本烈度为Ⅶ度),地震动反应谱特征周期为 0.45 s。

3.2.3　气候

关川河流域属甘肃省中部半干旱农业气候区,气候要素的特征是干旱、光富、热欠。主要表现为春季风大少雨,冷暖无常、多寒,夏季雨水集中、多洪雹,秋季降温快,阴雨连绵,多云雾,冬季晴朗寒冷、干燥少雪、多风沙。全年日照总时数 2.5 万 h,日照率 56%;全年太阳辐射量为 141.4 kcal/cm²;多年平均气温 7.2 ℃,极端最高气温 35.1 ℃,极端最低气温−29.7 ℃;多年平均降水量 370 mm,年降水量最多为 471.1 mm,最少为 264.4 mm。

3.2.4　土壤

关川河流域土壤以灰钙土、潮土等土类为主。其中,灰钙土主要分布在关川河及其支流两岸海拔 2 000 m 以下的低海拔区,在称钩驿、巉口等乡镇也有少量分布。呈镶嵌状楔入大面积黑垆土之中。流域内植被稀疏矮小,微生物活动旺盛,没有明显的腐殖质层,一般有机质在 0.8%左右,平地表层高于心土层,色灰黄,心土层为淡黄棕色;潮土主要分布在内官营、香泉、巉口等乡镇的河漫滩上。

3.2.5　水文

受地理位置、地形地貌、气流运动及大气系统等因素的影响,流域内降水量年际年内变化大,年降水量存在丰枯水周期交替发生的规律,连续丰水年偏丰程度和连续枯水程度都比较严重,从趋势看,近年来区域降雨量呈增加趋势。关川河等河流为季节性河流,年径流主要为降雨补给,径流年内变化与降雨相应,分配极不均匀。年平均流量上下波动,总体上呈现逐年降低的趋势。据典型年径流量变化趋势和丰枯水期平均径流量变化分析,丰水期流量占全年流量的74%,枯水期水量很小,东河、西河基本断流。

3.2.6　植被

从境内水牛头骨的发现,说明安定区在古代是一个以草原为主的稀树草原地区,气候较温暖湿润,自然生态良好。后由于历史变革、战乱频仍、地震、采伐等原因,森林资源受到破坏。近年来,虽大力植树造林,但仍然植被稀疏,水土流失严重。现有植被就分布面积来说,农作物植被约170万亩(1亩=1/15 hm²,下同),占31%;草地植被约153万亩,占28%;人工造林植被约124万亩,占23%。其中,草地植被以禾本科、菊科、藜科、莎草科植物为最多,其次有豆科、蒺藜科、蓼科、瑞香料、毛茛科等。人工造林植被的主要特点是南乔北灌和南部乔灌结合。

3.2.7　山系

安定区山脉属昆仑山系,由黄河与长江的分水岭自四川循岷山山脉进入甘肃省,经甘南、陇南抵岷县;继循洮河与白龙江、渭河的分水岭经漳县、甘南、渭源至临洮泉头,一支东向至安定区西部为胡麻岭。安定区内山脉以胡麻岭分南北向与邻县诸分水岭的分支长梁及其梁峁绵延境内。安定区境内长梁(局部有插花地段)呈包围圈形式,以关川峡为出口,形成关川河水系;以西巩驿镇与会宁县境为出口,形成西巩河水系。关川河水系又以诸长梁呈小包围圈形式,以城区为出口处,形成西河流域与东河流域;以巉口为出口处,形成称钩河流域。

3.3　流域内供水设施

3.3.1　城镇供水设施

城区供水水源为引洮一期安定区城镇供水工程,日供水规模11.41万m³,建设有内官水厂1座,日处理规模17万m³,其中城镇供水日处理规模12万m³,建设有输水管道57 km。该项目可解决引洮一期定西市安定城镇供水工程规划水平年(2020 年)城市人口 20.30 万,工业产值 46.16 亿元;内官镇城镇人口 3 357 人,乡镇企业产值 15.36 亿元的生活生产用水问题。

3.3.2　农村供水设施

农村供水设施涉及引洮一期安定区农村供水及陇通农村供水 2 项,共解决安定区 19 个乡镇农村人口 384 094 人,乡镇人口 5 815 人,乡镇企业产值 20 713 万元,专业户养殖大牲畜 9 183 头、小牲畜 206 359 只的生活生产用水问题,目前区域内自来水普及率已达到 91%以上。其中,引洮一期安定区农村供水工程建内官水厂 1 座,日处理规模为 5 万 m^3。引洮一期陇通农村供水工程建马河水厂,日处理规模 6.2 万 m^3。该工程在安定区的日供水规模为 826 m^3/d,解决宁远、石泉、杏园 3 个乡镇,农村人口 9 756 人的生产生活用水问题。

3.3.3　灌区灌溉设施

引洮供水一期关川河流域规划田间灌溉面积 12.25 万亩,由安定区内官、香泉两个盆地井灌区和安定区团结沟、关川河等河谷川灌区组成,灌区高程在 1 800~2 100 m。受益区覆盖内官、符川、香泉、凤翔、团结、巉口、鲁家沟 7 个乡镇,共布设 2 条干渠、13 条支渠,渠道总长 222.79 km,其中支渠 124.69 km。根据甘肃省水利厅批复的《引洮供水一期定西市水资源综合利用规划》(甘水资源发〔2012〕777 号),规划灌区灌溉面积 12.32 万亩,其中发展农业灌溉 11.02万亩,经济林果 1.3 万亩。其中农业发展以马铃薯、玉米、蔬菜为主,灌溉方式以垄作沟灌、覆膜畦灌等大田常规灌溉方式为主。需水量 4 155.4 万 m^3 (农业灌溉 3 766.2 万 m^3、经济林果 389.27 万 m^3)。

3.4　流域内水污染防治情况

城区现状排水管网收集生活污水量约为 $0.8×10^4$ m^3/d,工业废水约为 $0.2×10^4$ m^3/d。现有污水处理厂 3 座,其中城区污水处理厂处理能力 $3×10^4$ m^3/d,另一座位于巉口工业区污水厂,处理规模 $1×10^4$ m^3/d,出水水质标准为 "一级 B"标准。中心城区河流近期总体执行《地表水环境质量标准》(GB 3838—2002)中Ⅳ类标准,远期总体执行 Ⅲ类标准。关川河近期消除劣Ⅴ类水,规划远期执行Ⅳ类标准,污水处理率达到 100%,污水处理厂出水水质达到《城镇污水处理厂污染物排放标准》(GB 18918—2002)一级 A 标准。

第 4 章　关川河水文水资源状况分析

河流是陆地水循环的主要通道,水资源与水文特征作为河流健康研究的重要内容,直接影响河流功能的发挥。通过对流域内降雨、径流等方面的观测资料进行分析,提出关川河水情变化趋势,并分析关川河枯水期径流变差倾向率(LRR)、径流年际交差倾向率（AVR）。

4.1　资料及数据来源

关川河流域降雨基础数据资料采用定西气象局提供的城区气象站 1990~2016 年 27 年的降雨观测资料;关川河及其主要支流东河、西河的水文基础数据资料采用甘肃省定西水文勘测局提供的东河、西河、巉口、大羊营水文站观测资料。其中,东河水文站是关川河主要支流东河的控制站,该站于 1984 年7 月设立,位置在定西城区永定桥至解放桥之间,站址以上控制集水面积 791 km^2,干流长 48.8 km,河道纵坡 4.05‰,主要测验项目有水位、流量、泥沙等,有 1985 年 1 月至今的水文观测资料。西河水文站为关川河主要支流西河的控制站,该站于 1999 年 1 月设立,位置在定西城区西河上,站址以上控制集水面积 634 km^2,干流长 67.5 km,河道纵坡 4.5‰,主要测验项目有水位、流量、泥沙等,有 2000 年 1 月至今的水文观测资料。大羊营水文站是祖厉河流域最大支流关川河的控制站,地理位置为东经 104°52′,北纬 36°13′,集水面积 3 476 km^2,距河口 8 km,属二类精度站,具有区域代表性,主要测验项目有水位、流量、泥沙等,有 2000 年 1 月至今的文站观测资料。

4.2　流域降雨特征分析

关川河流域水资源主要源于大气降水,受地理位置、地形地貌、气流运动及大气系统等因素的影响,区域降水量年际年内变化大,年降水量存在丰枯水周期交替发生的规律。

4.2.1　降水量逐年演变分析

选择中心城区雨量站 1956~2013 年降水量观测资料,采用逐年面平均降水量表征关川河流域年平均降水量演变情况,见图 4-1。

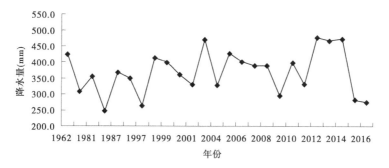

图 4-1　1962~2016 年降水量演变

据降水量资料分析,区域降水量总体在 240~480 mm,多年平均降雨量369 mm,且年份之间波动较大,最大降水量为 2012 年的 478 mm,最小为 1982 年的 245 mm,最大值为最小值的 1.95 倍。且连续丰水年偏丰程度和连续枯水程度都比较严重,有丰枯水年变化幅度大的特征。统计流域连续两年及以上连丰、连枯出现的次数,结果表明连枯年出现的次数比连丰年出现的次数多。为滤掉小的波动,突出趋势变化,使周期性更加清楚地反映年际变化,采用 3 年、5 年、7 年的滑动平均值过程线法对年际降水量进行修习。

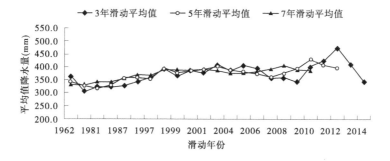

图 4-2　1962~2016 年滑动平均降水量演变

从图 4-2 滑动降水量趋势看,5 年滑动平均能够较好地反映流域降水波动情况,因此选取 5 年滑动平均法对降雨趋势进行分析。从趋势看,从 1962 年开始至 2016 年,定西市中心城区降水量呈增加趋势,节点较为明显的是

1998 年、2010 年以后,平均降水量分别从 350 mm 增加到 400 mm 左右,并在 2011 年左右达到最大值。

4.2.2 降水量年内演变分析

从典型年度年内降水量趋势看,降水量年内分配极不均匀,各季相差悬殊,汛期 7~9 月降水量占全年降水量的 70%,其他月份仅占全年降水量的 30%,当年 11 月至次年 3 月基本无有效降水,见图 4-3。

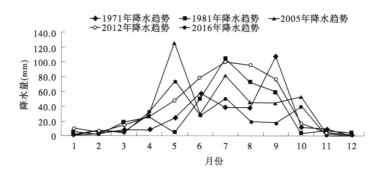

图 4-3 各典型年度年内降水量趋势

通过对降雨进行分析,关川河流域受地理位置、地形地貌、气流运动及大气系统等因素的影响,降水量年际年内变化大,年降水量存在丰枯水周期交替发生的规律,连续丰水年偏丰程度和连续枯水程度都比较严重。从趋势看,近年来流域内降雨量呈增加趋势。

4.3 径流分析

关川河流域内关川河、东河、西河为季节性河流,年径流主要由降雨补给。降水后一部分由地表直接汇入河流,一部分渗入地下,延期以泉水形式复出地面而转化为河川径流。

4.3.1 径流量变化

据崾口水文站(2000 年后撤站)1974~2000 年资料统计,关川河流域多年均径流量 1 854 万 m³,年均流量 0.588 m³/s。年平均流量上下波动,总体上呈逐年降低趋势。从成因来看,流域内退耕还林草、水保治理使得断面流量减小(见图 4-4)。据东河水文站资料统计,东河多年平均径流量 760 万 m³,年均流量 0.24 m³/s。年平均流量上下波动,总体上呈逐年降低趋势。从成因上来看,同样是流域内退耕还林草、水保治理使得断面流量减小(见图 4-5)。据西河水文站资料统计,西河流域多年均径流量 150 万 m³,年均流量 0.048 7 m³/s。年平均流量基本稳定,但流量较小。2015 年、2016 年径流量增加的主要原因与 2014 年底引洮总干渠通水后泄水有关(见图 4-6)。

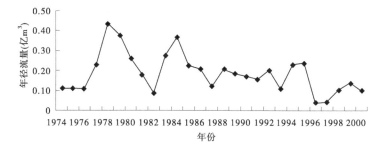

图 4-4　关川河年径流量演变

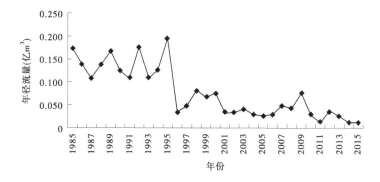

图 4-5　东河年径流量演变

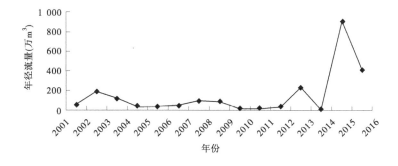

图 4-6　西河年径流量演变

4.3.2　典型年径流量变化趋势

据典型年关川河径流量变化趋势分析,4~6月径流量占全年的18.4%,
6~9月占63%,5~10月占74%,枯水期11月至次年4月水量很少,基本断流。
与降水量基本相符,表明关川河为季节性河流,径流量主要受降水量影响(见
图4-7)。据典型年东河径流量变化趋势分析,4~6月径流量占全年的18.4%,
6~9月占63%,5~10月占74%,枯水期11至次年4月水量很少,基本断流,
与降雨量基本相符,表明东河为季节性河流,径流量主要受降水量影响(见
图4-8)。据典型年西河径流量变化趋势分析,西河年内径流量仅在7、8、9月
有径流,其余时段基本断流。分析主要原因是西河流域主要为内官、香泉盆
地,降雨后难以形成地表径流。与东河、关川河相比较,西河径流量受降水量
影响较小(见图4-9)。

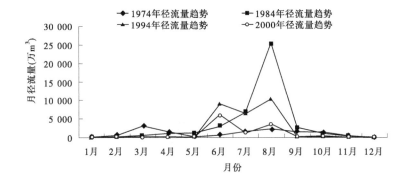

图4-7　典型年关川河径流量月变化趋势

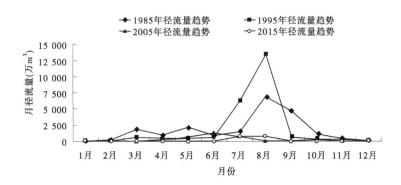

图4-8　典型年东河径流量月变化趋势

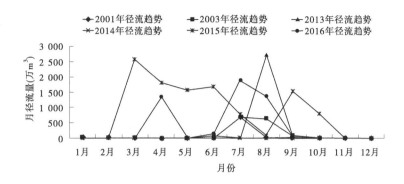

图4-9　典型年西河径流量月变化趋势

4.4　实测水文资料情况

关川河河段内有巉口、东河、西河、大羊营4个水文站,选择具有代表性的巉口水文站水文观测数据作为枯水期径流变差倾向率(LRR)、径流年际交差倾向率(AVR)两个指标分析。实测水文资料中,关川河上游东河、西河均有实测水文量资料系列,但实测资料系列不连续。东河1984年设站,西河2001年设站,两站历史资料都达不到30年,且两站年径流量相关关系点据散乱,无规律可循。巉口站1957年设站,2000年撤销,期间共实测到连续44年最大洪峰流量,满足规范规定进行洪水频率计算时需要30年以上的资料系列;关川河上游东河流域面积791 km²、西河流域面积637 km²,两站合成面积1 428 km²,巉口水文站断面以上流域面积1 640 km²,区间面积相差212 km²,占流域面积的12.9%。根据《水利水电工程设计洪水计算规范》(SL 44—2006),上下游站的集水面积差未超过15%,且流域下垫面条件基本相似,可以用面积比的指数关系进行洪峰流量的修正的办法,对巉口站2001年以后的资料系列可用上游东、西河历年径流资料插补延长。方法是统计东河、西河站历年逐月径流量,并将两站流量相加合成,再将合成后的流量用面积比的指数放大到巉口断面,作为巉口水文站径流资料的插补延长值。

插补延长后,关川河多年平均年径流量1 200万 m³,2001~2016年年径流量与1980~2000年的变化趋势比较,相对较为平缓,年均径流量从1 730万 m³减少为570万 m³,与东河的年径流量变化趋势相似。表明在退耕还林还草等水土治理项目实施后,关川河的径流量明显减少,在2004年以后基本趋于稳定。枯水期径流量与年径流量变化趋势基本一致,但趋势较缓,见图4-10。

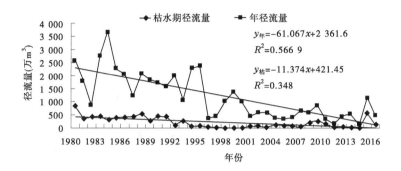

图 4-10　巉口水文站径流资料的插补延长值

4.4.1　枯水期径流变差倾向率(*LRR*)

枯水期径流变差倾向率(*LRR*)反映现状状态下,评估河段径流年内分配不均匀性随年际的变化趋势。枯水期径流指当年 1~5 月、11~12 月。枯水期径流年内分配率为枯水期径流与年径流比值。对评估河段的一组水文测量数据序列(年份,枯水期径流年内分配率)进行最小二乘法曲线拟合,得到公式 $y=a+bx$,斜率 b 即为枯水期径流变差倾向率。从枯水期径流年内分配率看,呈上下波动状态,但从总体趋势看,呈降低趋势,见图 4-11。

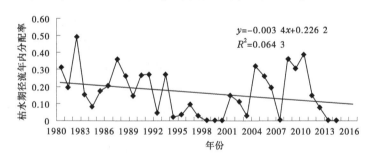

图 4-11　关川河巉口水文站枯水期径流变差倾向率趋势

枯水期径流量从 1983 年的 49% 至 1998 年、1999 年、2000 年连续三年为 0,即枯水期处于断流状态。枯水期径流量从 2001 年又有增加趋势,但从 2013 年开始又连年处于断流状态。通过对关川河巉口水文站枯水期径流年内分配率进行最小二乘法曲线拟合,得到枯水期径流变差倾向率(*LRR*)为-0.003 4。

4.4.2　径流年际变差倾向率(AVR)

　　径流年际变差倾向率(AVR)反映现状开发状态下,评估河段不同年份年径流的变化趋势。对某一评估河段的一组水文测量数据序列(年份,年径流量)进行最小二乘法曲线拟合,得到公式 $y=a+bx$,斜率 b 即为径流年际交差倾向率。关川河多年平均年径流量 1 200 万 m^3,2001~2016 年年径流量与 1980~2000 年的变化趋势比较,相对较为平缓,年均径流量从 1 730 万 m^3 减少为 570 万 m^3。

　　通过对关川河岘口水文站水文测量数据序列(年份,年径流量)进行最小二乘法曲线拟合(拟合曲线见图 4-12),得到径流年际变差倾向率(AVR)为-0.033 3。

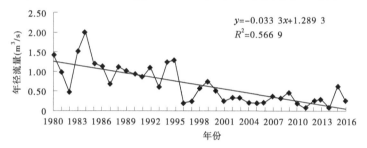

图 4-12　关川河岘口站径流年际变差倾向率趋势

第 5 章　关川河物理结构状况分析

　　河流物理形态特征在很大程度上表征着河流生态系统的稳健性。河道渠化、拓宽等人为措施在一定程度上影响了河流流态、生境等。本章利用 GPS 技术、GIS 遥感影像和现场观测、取土实验等方法,分析关川河河流形态、河岸带、河流连通阻隔等状况,采用分级指标评分法,对关川河物理结构状况进行分析。

5.1　资料及数据来源

　　选择河流形态(RS)、河岸带状况(RSS)、河流连通阻隔状况(RC)三个指标作为物理结构分析的指标。其中:河流形态(RS)又包括河道改变(RC)、河道弯曲程度(RBD)、河床稳定性(RBS)三个分指标;河岸带状况(RSS)包括河岸带稳定性(BKS)、河岸带植覆盖度(RVS)两个分指标。

　　(1)河流形态(RS)特征。在很大程度上表征着河流生态系统的稳健性,包括河道改变、河道弯曲程度、河床稳定性三个分指标。河道改变(RC)反映河道渠化、拓宽等人为措施对河流流态、生境的影响。河道弯曲程度(RBD):河道蜿蜒性作为河流的重要特征,有利于形成多样的生境,裁弯取直等措施改变河流的自然形态,不利于河流健康。河床稳定性(RBS)指河床是否存在明显退化或严重淤积等问题。

　　(2)河岸带状况(RSS)。河流健康评估在河流横向分区上分为水面和左右河岸带三部分。河岸带指河流水域与陆地相邻生态系统之间的过渡带,其特征由相邻生态系统之间的相互作用空间、时间、强度所决定。河岸带一般根据植被变化差异进行界定,对关川河进行河岸带状况健康评估时河岸带界定为:有堤防的河段,河岸带为两岸堤防之间除枯水位水域以外的区域,两岸堤防及护堤地向外延伸至 10 m 范围;无堤防的河段,河岸带为历史最高洪水位或设计洪水位确定的范围除枯水位水域以外的区域,外加两侧延伸 10 m 的陆向域。河岸带状况评估包括河岸带稳定性、河岸带植覆盖度两个方面。河岸带稳定性(BKS)指根据河岸侵蚀现状(包括已经发生或潜在发生的河岩侵蚀)评估。河岸带植覆盖度(RVS)是指植被(包括叶、茎、枝)在单位面积内植被的垂直投影面积所占百分比,本评估分别调查计算乔木、灌木及草本植物覆盖度。

(3)河流连通阻隔状况(RC)。河流连通阻隔状况主要调查评估河流对鱼类等生物物种迁徙及水流与营养物质传递阻断状况。重点调查监测河段的闸坝阻隔特征,闸坝阻隔分为四类情况:完全阻隔(断流),严重阻隔(无鱼道、下泄流量不满足生态基流要求),阻隔(无鱼道下泄流量满足生态基流要求),轻度阻隔(有鱼道,下泄流量满足生态基流要求)。

基于关川河物理结构评价的完整性、科学性、实用性、可操作性和物理形态健康评价的需求,物理形态具体数据采集方式为:利用 GPS 技术测量河岸倾角及岸坡高度、GIS 遥感影像方法计算植被覆盖率,通过现场观测、取土、试验的方法确定河岸基质类别及河岸冲刷状况等。利用 GIS 技术平台对关川河(干流)流域 1985~2016 年间 Landsat TM、Landsat OLI、GEOEYE-1 等不同时期的遥感影像进行分析(见表 5-1),提取河流形态、河岸带状况等。利用 GIS 等 3S 技术提取河道形态、河床结构等情况。河床稳定性数据采用测站实测大断面成果。

表 5-1　关川河(干流)流域 1985~2016 年间遥感数据资料

数据源	日期 (年-月-日)	空间分辨率(m)	范围
Landsat TM	1985-08-07	30	关川河(干流)流域
Landsat TM	1990-08-18	30	关川河(干流)流域
Landsat TM	2000-08-29	30	关川河(干流)流域
Landsat TM	2008-08-03	30	关川河(干流)流域
Landsat OLI	2015-08-23	30	关川河(干流)流域
GEOEYE-1	2005-03-10	0.5	关川河(干流)部分河道
GEOEYE-1	2014-04-29	0.5	关川河(干流)部分河道
GEOEYE-1	2016-03-28	0.5	关川河(干流)部分河道
GEOEYE-1	2017-06-30	0.5	关川河(干流)河道及外延 500 m 流域

5.2　河流物理结构状况

5.2.1　河流形态状况

河流形态(RS)特征在很大程度上表征着河流生态系统的特性,包括河道改变状况、河道弯曲程度、河床稳定性状况三个分指标。

(1)河道改变状况。利用1985~2015年间5期遥感影像对关川河(干流)城区段(源头—丰禾沟口)、巉口段(丰禾沟口—巉口镇)、鲁家沟段(巉口镇—红土台子)三个河段的河流形态特征进行对比分析;结果表明,近30年来关川河干流河流形态特征整体改变不大,但存在局部区域改变,且多受人类活动的影响。

为详细分析关川河河道改变具体情况,分段对比了卫星遥感影像及提取的河道信息。结果为:关川河干流安定区境内原长88.02 km(1990年),现状80.06 km(2016年),裁弯取直7.96 km。其中:鲁家沟段河道原长56 km(1990年),现状55.28 km(2016年),裁弯取直0.72 km,占原河道长度的1.29%,并有0.85 km河道渠化,占现状河长的1.5%,该段河流形态没有发生显著改变,只有局部河道由于人类活动因素发生改道或渠化现象;巉口段河道原长18.32 km(1990年),现状17.06 km(2016年),裁弯取直1.26 km,占河道原长的6.88%,渠化3 km,占现状河道的17.58%。其中斜河坪至十八里铺段在2005~2016年间出现明显的河道渠化现象,2005~2014年有约1.2 km的河道挖宽及渠化,2014~2016年有约1.8 km的河道挖宽及渠化,渠化河道由原约的10余米拓宽至约50 m;城区段河道原长13.7 km(1990年),现状7.72 km(2016年),裁弯取直5.95 km,占原河道长度的43.65%,并全部渠化,渠化率100%,渠化河道由原来的10~20 m拓宽至60~70 m。表明该河段有明显的形态改变,裁弯取直及河道渠化问题突出。见表5-2。

(2)河道弯曲程度。河流弯曲系数对航运及排洪不利,但有利于河流自身的健康。河流弯曲系数大于1.3时,可以视为弯曲河流,河流弯曲系数小于等于1.3时,可以视为平直河流。利用关川河(干流)多年遥感影像数据提取河道信息,分段对比分析河道弯曲程度变化情况,关川河鲁家沟段河流弯曲程度基本没有变化,无明显裁弯取直现象,只在局部人类活动频繁的河道出现裁弯取直并拓宽修筑河堤;而巉口段上游约3 km和下游段(斜河坪—十八里铺)约3 km在2008~2015年间出现明显河道裁弯取直现象;城区段中下游

表 5-2　关川河(干流)河道改变状况

河段名称	裁弯取直情况				河道改变程度	
	原河道长度(km)1990 年	现状河道长度(km)2016 年	裁弯取直(km)	占原河道长度比值(%)	河道渠化(km)	占现状河道长度比值(%)
鲁家沟段	56	55.28	0.72	1.29	0.85	1.54
岷口段	18.32	17.06	1.26	6.88	3	17.58
城区段	13.7	7.72	5.98	43.65	7.72	100.00
合 计	88.02	80.06	7.96	9.04	11.57	14.45

(十里铺—定西市区段)约有 6 km 河道在 2000~2008 年间出现河道裁弯取直现象和渠化现象。截至 2015 年,城区段已全部裁弯取直,并拓宽修筑河堤。利用河道弯曲系数计算关川河河道弯曲变化情况,计算方式为河段的实际长度与该河段直线长度之比。可用下式表示:

$$K_a = L/I \tag{5-1}$$

式中,K_a 为弯曲系数;L 为河段实际长度,km;I 为河段的直线长度,km。

弯曲系数 K_a 值越大,河段越弯曲。

结合关川河(干流)1990~2015 年间遥感影像提取的河道长度信息(见表 5-3)。关川河干流安定区境内原长 88.02 km(1990 年),现状 80.06 km(2016 年),裁弯取直 7.96 km。其中,关川河鲁家沟段河道原长 56 km(1990 年),现状 55.28 km(2016 年),裁弯取直 0.72 km,为原河长的 1.29%;岷口段河道原长 18.32 km(1990 年),现状 17.06 km(2016 年),裁弯取直 1.26 km,为原河长的 6.88%;城区段河道原长 13.7 km(1990 年),现状 7.72 km(2016 年),裁弯取直 5.95 km,为原河长的 43.65%。据式(5-1)计算,关川河鲁家沟段河道河流弯曲率变化情况为:1990 年 1.77,2000 年 1.77,2008 年 1.76,2016 年 1.75,表现为,从 2000 年以后,受外界因素影响,河流弯曲率呈下降趋势,但不明显,为弯曲型河流;岷口段河道河流弯曲率变化情况为:1990 年 1.86,2000 年 1.86,2008 年 1.85,2016 年 1.73,表现为,从 2000 年以后,受外界因素影响,河流弯曲率呈下降趋势,较明显,为弯曲型河流;城区段河道河流弯曲率变化情况为:1990 年 1.97,2000 年 1.97,2008 年 1.59,2016 年 1.11,表现为,从 2000 年以后,受外界因素影响,河流弯曲率呈明显下降趋势,且非常明显,河流由 2000 年以前的弯曲型河流改变为现状的平直型河流,虽然对排洪有利,但不利于河流自身健康。见表 5-3。

（3）河床稳定性状况。河床的稳定性分析资料源于各站实测大断面成果，关川河巉口站实测大断面资料为 1980 年、1985 年、1990 年、1995 年、2000年 5 组数据，关川河大羊营站实测大断面资料为 2015 年、2017 年 2 组数据。大断面的成果见图 5-1 和图 5-2。

表 5-3　各河段河流弯曲率情况

河段名称	河段直线长度（km）	河段弯曲率							
		1990 年		2000 年		2008 年		2016	
		河段长（km）	弯曲率	河段长（km）	弯曲率	河段长（km）	弯曲率	河段长（km）	弯曲率
鲁家沟段	31.59	56.00	1.77	56.00	1.77	55.53	1.76	55.28	1.75
巉口段	9.85	18.32	1.86	18.31	1.86	18.19	1.85	17.06	1.73
城区段	6.95	13.70	1.97	13.68	1.97	11.07	1.59	7.72	1.11

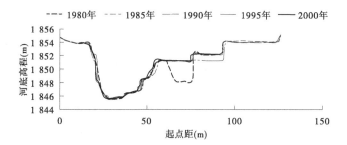

图 5-1　关川河巉口实测大断面成果

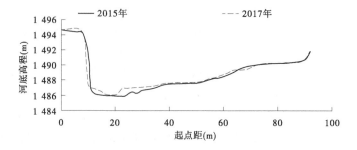

图 5-2　关川河大羊营实测大断面成果

由图 5-1 和图 5-2 分析可知,巉口站、大羊营站河床变化不显著。巉口站 1980~2000 年 20 年河床稳定,没有冲淤变化,大羊营站 2015~2017 年河床也基本稳定,在起点距 17~40 m 有轻微的淤积,淤积厚度 0.18~0.77 m。

5.2.2 河岸带状况

河岸带状况(RS)指河流水域与陆地相邻生态系统之间的过渡带,为河流物理结构完整性评价指标层第一层的内容,其特征由相邻生态系统之间相互作用的空间、时间和强度所决定。一般根据植被变化差异进行界定。鉴于河岸带清晰辨认存在一定困难,本评估采用观察地形、土壤结构、沉积物、植被、洪水痕迹和土地利用方式来确定。对上述方法仍无法明确的,根据《中华人民共和国河流管理条例》的相关规定,其范围为:经地方政府批准划定河道具体管理范围的河流,河岸带为河道管理范围以内枯水位水域的区域,以及河道管理范围向两侧延伸 10 m 的陆向区域;没有划定河道具体管理范围的河流;有堤防的河道,河岸带为两岸堤防之间除枯水位水域以外的区域、两岸堤防及护堤地(护堤地宽度不足 10 m 的延伸至 10 m 范围);无堤防的河道,河岸带为历史最高洪水位或者设计洪水位确定的范围除枯水位水域以外的区域,外加向两侧延伸 10 m 的陆向区域。本次对关川河进行河岸带状况健康评估时对河岸带界定为:有堤防的河段,河岸带为两岸堤防之间除枯水位水域以外的区域,两岸堤防及护堤地向外延伸至 10 m 范围;无堤防的河段,河岸带为历史最高洪水位或设计洪水位确定的范围除枯水位水域以外的区域,外加两侧延伸 10 m 的陆向域。

5.2.2.1 河岸带稳定性状况

河流两岸是人类繁衍生息之所,社会经济发展之地,稳定的河岸为人类提供生活保障的同时,又为人类生产提供帮助。在天然河道中,由于水流和岸坡的相互作用会导致河岸失稳,甚至造成河岸崩塌,影响河道安全、生态平衡,对居民的生产生活也造成一定影响。通过对河流两岸的物理结构指标进行评估,研究河流河岸的稳定性,判断出存在安全隐患的河段,为河岸加固和防护提供依据和参考。

(1)河岸带稳定性评估要素包括:岸坡倾角、河岸高度、岸坡特征、基质、坡脚冲刷强度等。按照构成河岸的地貌类型划分,河流河岸分为三类:河谷河岸,多位于山区河流,河岸由河谷谷坡构成,河道断面呈 V 形结构;滩地河岸,由枯水季节河漫滩边坡构成,常见于冲积河流的下游河段;堤防河岸,由河道堤防的边坡构成。

（2）河岸基质可以划分为：①基岩河岸，河岸由基岩组成；②岩土河岸，河岸下部由近代基岩，上部由近代沉积物组成；③土质河岸，河岸由更新世纪沉积物或近代沉积物组成。土质河岸可以进一步分为：非黏土河岸，河岸土体组成在垂向上的分层结构不明显，主要以砂和砂砾为主，中值粒径大于 0.1 mm；④黏土河岸，河岸土体组成在垂向上的分层结构不明显，主要由细砂、粉砂、黏粒和胶粒组成，中值粒径小于 0.1 mm；⑤混合土河岸，河岸土体组成在垂向上的分层结构明显，一般上部为非黏土层，下部为黏土层。

（3）河岸失稳的动力因素包括 2 类：一类为河岸冲刷，指近岸水流对河岸坡角的泥沙颗粒或团粒的冲蚀；另一类为河岸坍塌，指水面以上岸坡的土块在内外各种因素的作用下失稳乃至发生坍塌。河岸稳定性指标根据河岸侵蚀现状（包括已经发生的或潜在发生的河岸侵蚀）评估。河岸易于侵蚀可表现为河岸缺乏植被覆盖、树根暴露、土壤暴露、河岸水利冲刷、坍塌裂隙发育等。岸坡脚冲刷强度包括：无冲刷迹象、轻度冲刷、中度冲刷和重度冲刷 4 个层次。无冲刷迹象的表现形式为近期内河岸不会发生变形破坏，无水土流失现象；轻度冲刷的表现形式为河岸结构有松动发育迹象，有水土流失迹象，但近期不会发生变形和破坏；中度冲刷的表现形式为河岸松动裂痕发育趋势明显，一定条件下可以导致河岸变形和破坏，或已经发生破坏。

针对以上评估对象和要素，将关川河划分为城区段（源头—丰禾沟口）、岘口段（丰禾沟口—岘口镇）、鲁家沟段（岘口镇—红土台子）三个河段，并选择 6 个典型断面做评估，其中城区段 1 个断面，岘口段 2 个断面，鲁家沟段 3 个断面。

①河岸岸坡倾角、岸坡高度情况。关川河河岸岸坡倾角及岸坡高度的确定主要通过现场调查的方法，采用 Trimble Juno SC 高精度手持 GPS 对相关数据进行详细记录，6 个监测点每个点采集 2 组数据，经坐标系转换得到各点位的平面坐标。根据平面坐标绘出各监测断面纵剖面图，各监测断面横、纵比例尺为 1∶1 000，纵剖面图见图 5-3。

根据各监测断面纵剖面图，对 6 个监测断面的岸坡倾角和岸坡高度进行计算，得到计算结果（见表 5-4）。

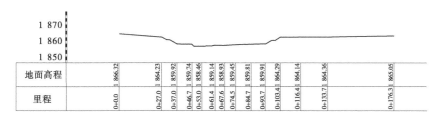

(a)城区段福台横断面监测断面纵剖面图

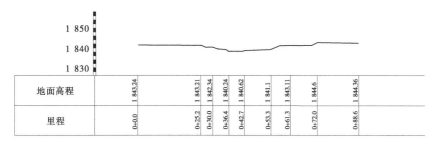

(b)巉口段甘林口横断面监测断面纵剖面图

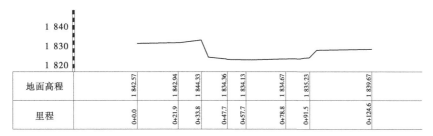

(c)巉口段巉口横断面监测断面纵剖面图

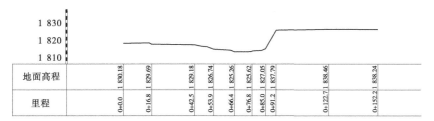

(d)鲁家沟段赵家铺横断面监测断面纵剖面图

图 5-3　各监测断面纵剖面图

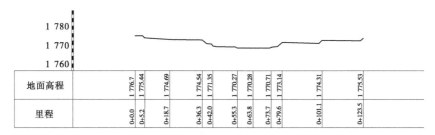

(e)鲁家沟段刘家河横断面监测断面纵剖面图

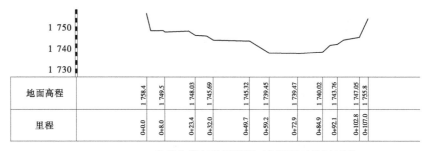

(f)鲁家沟段斜路川横断面监测断面纵剖面图

续图 5-3

表 5-4　岸坡倾角和岸坡高度计算结果

序号	监测断面	岸别	岸坡倾角	斜坡高度(m)
1	城区段福台	左岸	28°	5.71
		右岸	30°	4.38
2	巉口段甘林口	左岸	15°	2.97
		右岸	26°	3.5
3	巉口段巉口	左岸	61°	8.85
		右岸	44°	3.87
4	鲁家沟段赵家铺	左岸	6°	5.15
		右岸	56°	11.74
5	鲁家沟段刘家河	左岸	24°	4.27
		右岸	23°	2.86
6	鲁家沟段斜路川	左岸	32°	5.87
		右岸	40°	5.63

　　结果显示,关川河 6 个监测断面的河岸带岸坡倾角波动变化比较大,其中有 1 个断面岸坡倾角超过 60°,有 1 个断面岸坡倾角超过 45°小于 60°,有 1 个断面岸坡倾角超过 30°小于 45°,有 2 个断面岸坡倾角超过 15°小于 30°,有 1 个断面岸坡倾角超过 0°小于 15°。6 个监测断面的斜坡高度波动变化大,平均斜坡高度 5.4 m 左右,其中超过 5 m 的斜坡断面 6 个,最高达 11.74 m,且倾角达到 56°,极不稳定。斜坡超过 3 m 小于 5 m 的断面 4 个,超过 2 m 小于 3 m 的断面 2 个。

　　②河岸带基质类别和坡脚冲刷状况。河岸基质按特征分为基岩河岸、岩土河岸、非黏土河岸、黏土河岸和混合土河岸 5 类。对 6 个监测断面采用观察法判断基质类别,结果见表 5-5。

表 5-5　监测断面基质类别状况

序号	监测断面	岸别	基质类别	备注
1	城区段福台	左岸	堤防河岸	混凝土堤防
		右岸	堤防河岸	混凝土堤防
2	巉口段甘林口	左岸	堤防河岸	浆砌石护岸
		右岸	黏土河岸	Ⅰ级阶地砂壤土
3	巉口段巉口	左岸	黏土河岸	Ⅱ级阶地粉质壤土
		右岸	黏土河岸	Ⅰ级阶地砂壤土
4	鲁家沟段赵家铺	左岸	黏土河岸	Ⅰ级阶地砂壤土
		右岸	黏土河岸	Ⅱ级阶地粉质壤土
5	鲁家沟段刘家河	左岸	黏土河岸	Ⅱ级阶地粉质壤土
		右岸	黏土河岸	Ⅰ级阶地砂壤土
6	鲁家沟段斜路川	左岸	岩土河岸	表层为近代沉积物,下部为基岩
		右岸	岩土河岸	表层为近代沉积物,下部为基岩

　　从岸坡倾角、岸坡高度和监测断面基质类别状况看,关川河河岸带主要基质类别为土质河岸,岸坡坡脚的抗冲刷能力有限,容易发生坍塌,主要表现为河岸坍塌。对关川河 6 个监测断面的河岸岸坡脚冲刷状况采用观察与定性评价相结合的方法,得出冲刷状况,如表 5-6 所示。

表 5-6　关川河监测断面岸坡脚冲刷状况

序号	监测断面	岸别	岸坡倾角	冲刷状况	备注
1	城区段福台	左岸	28°	无冲刷	硬性砌护
		右岸	30°	无冲刷	硬性砌护
2	巉口段甘林口	左岸	15°	无冲刷	硬性砌护
		右岸	26°	轻度冲刷	
3	巉口段巉口	左岸	61°	重度冲刷	
		右岸	44°	中度冲刷	
4	鲁家沟段赵家铺	左岸	6°	轻度冲刷	
		右岸	56°	重度冲刷	
5	鲁家沟段刘家河	左岸	24°	轻度冲刷	
		右岸	23°	轻度冲刷	
6	鲁家沟段斜路川	左岸	32°	轻度冲刷	
		右岸	40°	无冲刷迹象	

关川河河岸以河谷河岸、滩地河岸和堤防河岸为主。其中城区段全部为堤防河岸,长 11.57 km,从凤祥镇斜河坪以下至鲁家沟斜路川主要为河谷河岸和滩地河岸,其中凹岸几乎全部为河谷河岸,凸岸几乎全部为滩地河岸。

从表 5-5 的数据分析看出,关川河河岸以土质河岸为主,从 1∶5 万地形图测量,黏土河岸长 49.33 km,岩土河岸 19.12 km,堤防河岸 11.57 km,黏土河岸的比例超过一半,属于典型的山区河流特征。从表 5-6 分析可知,受河岸基质特征影响,关川河流域 65%的河岸都受到不同程度的冲刷和侵蚀,特别是河道凹岸受冲刷和侵蚀严重,河岸倾角大、斜坡长,河岸稳定受到一定影响。

5.2.2.2　河岸带植被覆盖度状况

植被覆盖率是指一个区域内的所有植被在单位面积内植被的垂直投影面积所占百分比。分别调查计算乔木、灌木及草本植物覆盖度。利用 2017 年 6 月 30 日的 0.5 m 空间分辨率的 GEOEYE-1 数据,通过遥感目视解译方法,将关川河(干流)的鲁家沟段、巉口段、城区段三个河段河流在横向分区上分为水面和左右河岸带三部分。对河岸带水边线以上范围内乔木(6 m 以上)、灌木(6 m 以下)和草本植物,根据植被覆盖度评估标准,分别进行植被覆盖度分级。

关川河(干流)流域植被覆盖度采用 1990~2015 年间 Landsat 遥感数据提取的归一化植被指数进行估算,依据 Landsat 遥感数据得到流域平均植被覆盖度为 46%。依据关川河监测河段植被覆盖度遥感解译成果,利用 ArcMap 平台面积统计工具,计算关川河(干流)鲁家沟段、岘口段、城区段三个河段植被覆盖度平均值,结果见表 5-7。

表 5-7　关川河监测河段河岸带植被覆盖度统计

指标	植被覆盖度		鲁家沟段		岘口段		城区段		关川河(干流)	
	比例	说明	面积	比例	面积	比例	面积	比例	面积	比例
无植被	0	无该类植被	195.94	49%	56.34	49%	32.45	50.8%	284.73	49%
乔木	10%~40%	中度覆盖					0.18	0.3%	0.18	0.03%
	40%~75%	重度覆盖			0.07	0.1%			0.07	0.01%
	小计				0.07	0.1%	0.18	0.3%	0.25	0.04%
灌木	0~10%	植被稀疏	21.13	5%	2.07	2%	0.93	1.5%	24.13	4%
	10%~40%	中度覆盖	32.55	8%	1.36	1.2%			33.91	6%
	40%~75%	重度覆盖	2.80	1%	0.41	0.4%	5.54	8.7%	8.75	2%
	小计		56.48	14%	3.84	3%	6.47	10.0%	66.79	11%
草本植物	0~10%	植被稀疏	99.16	25%	34.66	30%	11.82	18.5%	145.64	25%
	10%~40%	中度覆盖	48.85	12%	18.16	16%	5.27	8.3%	72.28	12%
	40%~75%	重度覆盖	2.73	1%	1.49	1.3%	7.65	12.0%	11.87	2%
	小计		150.74	37%	54.31	47%	24.74	38.8%	229.79	40%
植被覆盖度合计			207.22	51%	58.22	51%	31.39	49.2%	296.83	51%
合计			403.16	100%	114.56	100%	63.84	100%	581.56	100%

注:面积的单位为 hm²。

从表 5-7 可看出,关川河河岸面积 581.56 hm²,目前植被覆盖面积 296.83 hm²,覆盖度 51%,其中乔木覆盖面积 0.25 hm²,覆盖度 0.04%(中度覆盖 0.03%、重度覆盖 0.01%),灌木覆盖面积 66.79 hm²,覆盖度 11%(植被稀疏 4%、中度覆盖 6%、重度覆盖 1%),草本植物覆盖面积 229.79 hm²,覆盖度 40%(植被稀疏 25%、中度覆盖 12%、重度覆盖 2%)。上游河段城区段:河岸面积 63.84 hm²,目前植被面积 31.39 hm²,覆盖度 49.2%,其中乔木覆盖面积 0.18 hm²,覆盖度 0.3%(中度覆盖 0.3%),灌木覆盖面积 6.47 hm²,覆盖度 10%(植被稀疏 1.5%、重度覆盖 8.7%），草本植物覆盖面积 24.74 hm²，覆盖度 38.8%（植被稀疏 18.5%、中度覆盖 8.3%、重度覆盖 12%）。中游河段巉口段：河岸面积 114.56 hm²，目前植被覆盖面积 58.22 hm²，覆盖度 51%，其中乔木覆盖面积 0.07 hm²，覆盖度 0.1%（重度覆盖 0.1%），灌木覆盖面积 3.84 hm²，覆盖度 3%（植被稀疏 2%、中度覆盖 1.2%、重度覆盖 0.4%），草本植物覆盖面积 54.31 hm²，覆盖度 47%（植被稀疏 30%、中度覆盖 16%、重度覆盖 1.3%）。下游河段鲁家沟段：河岸面积 403.16 hm²，目前植被覆盖面积 207.22 hm²，覆盖度 51%，其中乔木覆盖面积 0，灌木覆盖面积 56.48 hm²，覆盖度 14%（植被稀疏 5%、中度覆盖 8%、重度覆盖 1%），草本植物覆盖面积 150.74 hm²，覆盖度 37%（植被稀疏 25%、中度覆盖 12%、重度覆盖 1%）。

从植被覆盖度看，上、中、下游河段植被覆盖度基本一致，在 50% 左右，其中上游河段 49.2%，中下游均为 51%。从覆盖的植物看，草本植物覆盖面积最大，占 40%，乔木覆盖面积最小，仅为 0.04%，关川河总体植被覆盖为重度覆盖偏小。

5.2.3　河流连通阻隔状况

河流连通阻隔状况是指河流与之相联系的干支流、周边湖泊、湿地等自然生态系统之间的连通性，反映了河流水循环的健康状况。河流连通性对保持生物量和生物多样性具有重要影响。因连通水体的生境异质性明显提高，从而有益于维持较高的物种多样性。实现河流的连通，可以保证河流的水量，稀释污染物质，具有多方面的净化作用，可以为河道内的水生动植物提供良好的栖息环境。

（1）连通阻隔状况调查内容。水位的自然涨落过程可为鱼类提供较多的隐蔽区域，为向下游迁徙的鱼类提供方便。水文周期的季节性变化对于河流的植物、鱼类等动植物生命驱动具有重要的影响。鱼类迁徙的时间同河流中水流流速有关，鱼类的生存和迁徙受到一定流速范围的影响，流速过大对鱼类的生长发育不利，过小容易导致鱼类不能洄游。水流还影响鱼类的生殖过程，丰水期流量大，可以提示鱼类产卵以及物种迁徙时间。若河流为大坝阻隔，这种迁徙繁殖过程便会中断，大坝的修建对鱼类影响很大。本次评估重点调查河流对鱼类等生物物种迁徙及水流与营养物质传递阻断状况，重点调查监测断面以下至河口（干流）河段的闸坝阻隔特征，闸坝阻隔分为 4 类情况：完全阻隔、严重阻隔（无鱼道、下泄流量不满足生态基流要求）、阻隔（无鱼道、下泄流量满足生态基流要求）、轻度阻隔（有鱼道、下泄流量满足生态基流要求）。

（2）河流连通阻隔状况。通过查找资料和实地调查得到关川河干流监测断面以下至河口河段的闸坝分布情况。从上游往下游闸坝分布及阻隔状况见表 5-8。

表 5-8 关川河闸坝分布及阻隔状况

序号	阻隔名称	位置	闸坝类型	阻隔状况说明	鱼类迁徙阻隔特征
1	东河大坝	关川河东、西河汇合口下游 575 m	溢流坝	坝高 1 m，阻隔作用小	无鱼道，对部分鱼类迁移有阻隔
2	关川河 1 级翻板坝	关川河东、西河汇合口下游 1 145 m	水力翻板坝	坝高 2.4 m，淤积严重，阻隔作用较大	无鱼道，对部分鱼类迁移有阻隔
3	关川河 2 级翻板坝	关川河东、西河汇合口下游 1 840 m	水力翻板坝	坝高 2.4 m，淤积严重，阻隔作用较大	无鱼道，对部分鱼类迁移有阻隔
4	关川河 3 级翻板坝	关川河东、西河汇合口下游 2 495 m	水力翻板坝	坝高 2.4 m，淤积严重，阻隔作用较大	无鱼道，对部分鱼类迁移有阻隔
5	关川河 4 级翻板坝	关川河东、西河汇合口下游 3 195 m	水力翻板坝	坝高 2.4 m，淤积严重，阻隔作用较大	无鱼道，对部分鱼类迁移有阻隔
6	原中河灌区巉口取水口拦河坝	位于巉口铁路桥下游 200 m	拦河坝	原坝高 3.4 m，淤积严重，阻隔作用小	无鱼道，对部分鱼类迁移有阻隔

关川河安定区境内，共有阻水建筑物 6 座，全部无鱼道，对部分鱼类迁移有阻隔。其中，溢流坝 1 座（东河渠渠首溢流坝），位于关川河干流（东河、西河汇合口）河道中心桩 0+000 下游 0+575 处，坝高 1.0 m，对河流阻水作用较小。拦河坝 1 座（原中河灌区巉口取水口拦河坝），位于关川河巉口铁路桥下游 200 m 处，拦河坝东西宽 61 m，南北长 58 m，主坝体高 3.4 m，现状淤积严重，河道基本淤平，对河流阻水作用较小。人工翻板坝 4 座，分别位于关川河干流（东河、西河汇合口）河道中心桩 0+000 下游 1+145、1+840、2+495、3+195 处，坝高 2.4 m，在运行期间，由于关川河含沙量较大，翻板坝淤泥较严重，严重影响翻板坝的正常运行，并且形成阻水，近年来由于淤积 4 座翻板闸坝全部开启运行。

第6章　关川河水质状况分析

河流水质是影响人类健康和生态环境的重要因素,河流总体的综合水质评价是水环境治理的重要基础性工作。通过分析 2013~2017 年关川河入境和出境两个断面,在丰、枯水期河流溶解氧,高锰酸钾指数、化学需氧量、五日生化需氧量、氨氮等 5 项水质指标的季节变化特征和空间差异,并采用单因子水质标识指数法、单因子评价法对关川河水质进行分析。

6.1　资料及数据来源

关川河水质基础数据资料采用定西市环保局提供的入境断面(内官镇先锋村)、出境断面(鲁家沟镇南川村) 2013~2017 年共 5 年的水质监测资料。其中 2013~2015 年的观测时间为每季度监测 1 次,2016~2017 年为每月监测 1 次。监测项目包括 pH、溶解氧、高锰酸盐指数、化学需氧量、五日生化需氧量、氨氮、总磷、总氮、铜、锌、氟化物、硒、砷、汞、镉、六价铬、铅、氰化物、挥发酚、石油类、阴离子表面活性剂、硫化物、电导率(μS/cm)共 23 项。考虑关川河流域的用地类型以农业用地、工业用地、城镇居民用地为主,径流污染物可能包括有机污染物、重金属污染。依据《地表水环境质量标准》(GB 3838—2002) 和《甘肃省重要河流健康调查评估技术大纲》水质调查评估项目要求,选取关川河入境和出境断面的溶解氧、高锰酸钾指数、化学需氧量、五日生化需氧量、氨氮等 5 项水质指标状况进行分析,并在此基础上对关川河水质状况进行评估:

(1)溶解氧。溶解在水中的氧称为溶解氧(Dissolved Oxygen, DO),溶解氧以分子状态存于水中,溶解氧量是水质的重要指标之一。水中溶解氧含量受到两种作用的影响:一种是使 DO 下降的耗氧作用,包括耗氧有机物降解的耗氧、生物呼吸耗氧;另一种是使 DO 增加的复氧作用,主要有空气中氧的溶解,水生植物的光合作用等。这两种作用的相互消长,使水中溶解氧含量呈现出时空变化。如果水中有机物含量较多,其耗氧速度超过氧的补给速度,则水中 DO 量将不断减少,当水体受到有机物的污染时,水中溶解氧量甚至可接近于零,这时有机物在缺氧条件下分解就出现腐败发酵现象,使水质严重恶化。

（2）高锰酸钾指数。高锰酸钾指数（Xygen Consumption，OC）也称为高锰酸盐指数，是指在一定条件下以高锰酸钾为氧化剂，处理水样时所消耗的氧量，以耗氧的 mg/L 来表示。水中部分有机物及还原性无机物均可消耗高锰酸钾。因此，高锰酸钾指数常作为水体受有机物污染程度的综合指标。高锰酸盐指数一般用来测有机物总含量较低的地表水或地下水等。

（3）化学需氧量。化学需氧量（Chemical Oxygen Demand，COD）是在一定的条件下，采用一定的强氧化剂处理水样时，所消耗的氧化剂量。它是表示水中还原性物质多少的一个指标。水中的还原性物质有各种有机物、亚硝酸盐、硫化物、亚铁盐等，但主要的是有机物。因此，化学需氧量（COD）又往往作为衡量水中有机物质含量多少的指标。化学需氧量越大，说明水体受有机物的污染越严重。计算方式为：水样在一定条件下，以氧化 1 L 水样中还原性物质所消耗的氧化剂的量为指标，折算成每升水样全部被氧化后，需要的氧的毫克数，以 mg/L 表示。一般测量化学需氧量所用的氧化剂为高锰酸钾或重铬酸钾，使用不同的氧化剂得出的数值也不同。根据所加强氧化剂的不同，分别称为重铬酸钾耗氧量和高锰酸钾耗氧量。

（4）五日生化需氧量。五日生化需氧量（BOD_5）是微生物在最适宜的温度（一般以 20 ℃作为测定的标准温度）下，一般有机物 20 d 能够基本完成在第一阶段的氧化分解过程（完成过程的 99%）。就是说，测定第一阶段的生化需氧量，需要 20 d，这在实际工作中是难以做到的。为此又规定一个标准时间，一般以 5 d 作为测定 BOD 的标准时间，因而称为五日生化需氧量，以 BOD_5 表示。五日生活需氧量（BOD_5）通过模拟微生物降解有机物的过程计算得到。

（5）氨氮。是指水中以游离氨（NH_3）和铵离子（NH_4^+）形式存在的氮，氨氮这两个营养元素是目前造成国内河流湖泊富营养化的直接因素。氨氮是水体中的营养素，可导致水富营养化现象产生，是水体中的主要耗氧污染物，对鱼类及某些水生生物有毒害。氨氮可以在一定条件下转化成亚硝酸盐，如果长期饮用，水中的亚硝酸盐将与蛋白质结合形成亚硝胺，是一种强致癌物质，对人体健康极为不利。氨氮对水生物起危害作用的主要是游离氨，其毒性比铵盐大几十倍，并随碱性的增强而增大。

6.2 入河排污口情况

关川河是流域内经济发展和居民生活河湖生态系统的重要依赖,但同时也是工农业废污水和城镇污水的受纳体。沿岸点面源废污水的排入是河流水环境污染的主要污染方式。

6.2.1 排污口数量及分布

经统计,关川河入河排污口共26座,其中城区段7座,处于上游,主要为城镇生活污水,占全河段的27%;经济开发区(为大、中型企业所在地)13座,处于中上游,主要为混合废污水,占全河段的50%;农村河段6座(4座为小型企业、2座为城镇生活污水),处于上、中游,主要为城镇生活污水和工业废水,占全河段的23%(见表6-1)。

表6-1　关川河入河排污口基本情况

序号	排污口名称	排污口类型	规模	设置时间(年-月)	入河排污口所在位置	污水方式	排放方式
1	定西市水投公司排水分公司	企业(工厂)	以下	2012-12	解放桥上游左岸	明渠	间歇(无规律)
2	定西市城区污水厂	市政生活	以上	2013-09	安定区东河村	涵闸	有组织连续排放
3	海旺门窗厂附近	混合废污水	以下	2014-04	凤翔镇柏林村	暗管	间歇(无规律)
4	众金包装厂对面右岸	混合废污水	以下	2014-05	凤翔镇柏林村	暗管	间歇(无规律)
5	万原塑业附近右岸	混合废污水	以下	2014-06	凤翔镇柏林村	暗管	间歇(无规律)
6	亿联商贸附近右岸	混合废污水	以下	2014-06	凤翔镇十八里铺村	暗管	间歇(无规律)
7	广厦小区租赁站后右岸	混合废污水	以下	2014-06	中华路街道办事处	暗管	间歇(无规律)
8	内官营镇暖泉桥右岸	市政生活	以下	2015-01	内官营镇锦屏村	明渠	连续
9	定西市水投公司后	混合废污水	以下	2015-04	凤翔镇柏林村	暗管	间歇(无规律)
10	富民燃气附近	混合废污水	以下	2015-04	凤翔镇柏林村	暗管	间歇(无规律)
11	史丹利化肥厂附近	混合废污水	以下	2015-04	凤翔镇柏林村	暗管	间歇(无规律)
12	薯都大道桥下下游右岸	混合废污水	以下	2015-05	凤翔镇十八里铺村	暗管	间歇(无规律)
13	柏林村安置点附近	混合废污水	以下	2015-06	凤翔镇柏林村	暗管	间歇(无规律)
14	香泉镇高家庄右岸	企业(工厂)	以下	2015-07	香泉镇高家庄	明渠	间歇(无规律)
15	玄和玻璃厂附近	混合废污水	以下	2015-08	凤翔镇柏林村	暗管	间歇(无规律)

续表 6-1

序号	排污口名称	排污口类型	规模	设置时间(年-月)	入河排污口所在位置	污水方式	排放方式
16	粉条厂附近	混合废污水	以下	2015-08	凤翔镇十八里铺村	暗管	间歇(无规律)
17	林业管理站后	混合废污水	以下	2015-09	凤翔镇柏林村	暗管	间歇(无规律)
18	城南八路桥左右岸	混合废污水	以下	2015-10	凤翔镇柏林村	暗管	间歇(无规律)
19	内官营镇污水处理厂	企业(工厂)	以上	2016-02	内官营镇先锋村	明渠	间歇(5 d)
20	薯峰淀粉厂	企业(工厂)	以下	2016-05	巉口镇巉口村	暗管	间歇(无规律)
21	定西市师专对面高架桥下面左岸	市政生活	以下	2016-06	凤翔镇西川园区	明渠	间歇(无规律)
22	定西市赵家铺污水厂	混合废污水	以上	2016-12	安定区巉口镇赵家铺村	涵闸	有组织连续排放
23	甘肃鼎盛农业科技有限公司	企业(工厂)	以下	2017-04	巉口镇巉口村	暗管	间歇(无规律)
24	恒正大桥上游左岸	市政生活	以下	2017-08	凤翔镇南川	明渠	间歇(无规律)
25	金林土木有限公司	企业(工厂)	以下	2017-09	凤翔镇南川	涵闸	连续
26	定西市戒毒所左岸	市政生活	以下		凤翔镇贾家庄	明渠	间歇(无规律)

6.2.2 排污口设置时间

从设置时间来看,2012 年设置了 1 座,为混合废污水排污口;2013 年设置了 1 座,为城区污水厂混合废污水排污口;2014 年设置了 5 座,为经济开发区污混合废污水排污口;2015 年设置了 11 座,其中 9 座为经济开发区混合废污水排污口,1 座为城镇生活污水排污口,1 座为企业工业废水排污口;2016 年设置了 4 座,其中 1 座为企业工业废水排污口,2 座为城市污水处理厂混合废污水排污口,1 座为城镇生活污水排污口;2017 年设置了 4 座,其中 2 座为企业工业废水排污口,2 座为城镇生活污水排污口。

6.2.3 排污口规模及排放方式

依据《入河排污量统计技术规程》(SL 662—2014),26 座排污口中,年排放量达到规模以上(指废污水排放量大于 300 t/d 或 10 万 t/a 的入河排污口)的 3 座,占 11.5%,全部为城市污水处理厂混合废污水排污口;年排放量达到规模以上(指废污水排放量大于 300 t/d 或 10 万 t/a 的入河排污口)的 23 座,占 88.5%。各排污口入河方式主要以明渠排、暗渠排、涵闸三种方式为主,其中明渠排污口 7 座,占全河段的 27%;暗管排污口 16 座,占全河段的 62%,涵闸排污口 3 座,占全河段的 11%。

6.2.4　污水排放规律

26 座排污口中,间歇(无规律)排放的 21 座;连续排放的 4 座,其中 3 座为城镇污水处理厂混合废污水排放口,1 座为企业工厂生产废污水;间歇有规律(隔 5 d)排放的 1 座,为城镇污水处理厂混合废污水排放口。经走访调查,城镇污水排放高峰一般在 14:00~18:00,午夜处于最低甚至停排,呈明显的排放规律。工业废污水的排放规律与工厂的生产运行密切相关,各排污口不尽相同。以实际排放规律而言,大型企业单位连续排放,部分中小企业,如马铃薯加工企业,为间歇性排放。

6.2.5　排污口监管情况

目前,由环境监测单位固定监测的排污口 1 座,为定西城区污水处理厂排污口,检测频次为季度/次。检测项目包括化学需氧量、生化需氧量、悬浮物、阴离子表面活性剂、总氮、氨氮、总磷、色度、pH、粪大肠菌群数、总汞、总镉、总铬、六价铬、总砷、总铅、石油、动植物油、挥发酚、烷基汞、总镍、总铜、总锌、总锰、总硒、氰化物、硫化物。执行排放标准为《城镇污水处理厂污染物排放标准》(GB 18918—2002)一级 B 标准。2016 年入河废物水量 372.8 万 t,入河主要污染物指标值:COD 149.22 mg/L,氨氮 7.41 mg/L,挥发酚 0.112 mg/L,石油类 9.79 mg/L,总氮 65.9 mg/L,全部达标。

6.3　水质状况

重点分析关川河在入境断面、出境断面等不同时间和空间的分布特征。

6.3.1　入境断面水质时间分布状况

依据入境断面(内官镇先锋村)的水质监测资料,对溶解氧、高锰酸钾指数、化学需氧量、五日生化需氧量、氨氮 5 项水质指标状况进行分析。

从 2013 年开始至 2017 年,入境断面溶解氧(DO)在丰、枯水期均呈上下波动状态,其中 2014 年最低,2016 年最高,但总的趋势均为上升,枯水期溶解氧量均高于丰水期,见图 6-1。入境断面的高锰酸钾指数(OC)在丰、枯水期均呈上下波动状态,其中 2015 年最低,2013 年最高,但总的趋势均为下降,枯水期高锰酸钾指数均低于丰水期。见图 6-2。

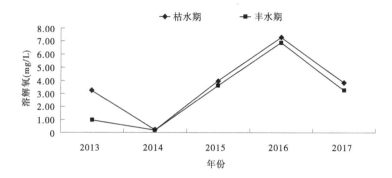

图 6-1　入境断面溶解氧丰、枯水期年际变化趋势

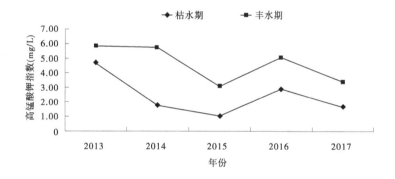

图 6-2　入境断面高锰酸钾指数丰、枯水期年际变化趋势

化学需氧量(COD)在丰、枯水期均呈上下波动状态,其中 2016 年最低,2014 年最高,但总的趋势均为下降,除 2013 年以外,枯水期化学需氧量均低于丰水期,见图 6-3。五日生化需氧量(BOD$_5$)与入境断面的化学需氧量变化趋势非常相似,在丰、枯水期均呈上下波动状态,其中 2016 年最低,2014 年最高,但总的趋势均为下降,除 2013 年以外,枯水期化学需氧量均低于丰水期,见图 6-4。入境断面的氨氮量在丰、枯水期均呈上下波动状态,其中 2015 年最低,2017 年最高,总的趋势均为 2013~2015 年下降,2015~2017 年上升,枯水期化学需氧量均低于丰水期,见图 6-5。

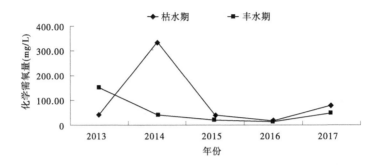

图 6-3　入境断面化学需氧量丰、枯水期年际变化趋势

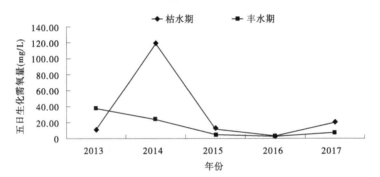

图 6-4　入境断面五日生化需氧量丰、枯水期年际变化趋势

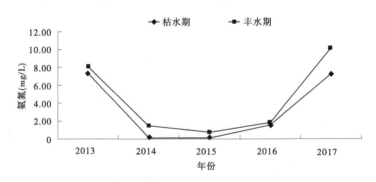

图 6-5　入境断面氨氮丰、枯水期年际变化趋势

　　通过对入境断面的(内官镇先锋村)的水质监测项目溶解氧、高锰酸钾指数、化学需氧量、五日生化需氧量、氨氮 5 项水质指标状况进行分析,从 2013 年开始至 2017 年,除氨氮外,溶解氧、高锰酸钾指数、化学需氧量、五日生化需氧量 4 项水质项目均趋于向好趋势,表明在近年的水污染防治措施下,水质有

明显改善,且在枯水期五项指标值均优于丰水期,分析原因:考虑关川河上游西河流域无大型工业企业,造成丰水期水质差可能是由于内官灌区农药化肥随地表径流汇入河道所致。

6.3.2 出境断面水质时间分布状况

依据出境断面(鲁家沟镇南川村)的水质监测资料,对溶解氧、高锰酸钾指数、化学需氧量、五日生化需氧量、氨氮 5 项水质指标状况进行分析。

从 2013 年开始至 2017 年,出境断面的溶解氧(DO)在丰、枯水期均呈上下波动状态,其中 2014 年最低,2016 年最高,与入境断面相符,总的趋势均为上升。除 2015 年外,枯水期溶解氧量均高于丰水期,见图 6-6。高锰酸钾指数(OC)总的趋势为下降,枯水期高锰酸钾指数高于丰水期。从 2015~2017 年,总的趋势为上升,枯水期高锰酸钾指数低于丰水期,见图 6-7。

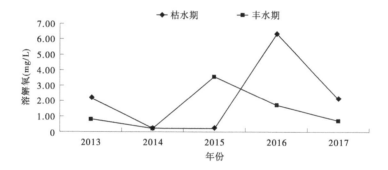

图 6-6 出境断面溶解氧丰、枯水期年际变化趋势

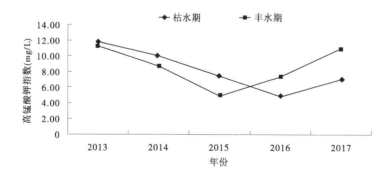

图 6-7 出境断面高锰酸钾指数丰、枯水期年际变化趋势

化学需氧量(COD)在丰、枯水期均呈上下波动状态。丰水期化学需氧量

逐年呈上下波动趋势,在2016年达到最大。枯水期化学需氧量呈逐年降低趋势,见图6-8。五日生化需氧量(BOD₅)与出境断面的化学需氧量变化趋势非常相似,在丰、枯水期均呈上下波动状态。丰水期化学需氧量以上升趋势为主,在2016年达到最大。枯水期化学需氧量呈逐年降低趋势,见图6-9。

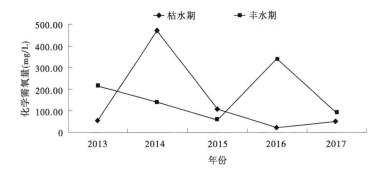

图6-8　出境断面化学需氧量丰、枯水期年际变化趋势

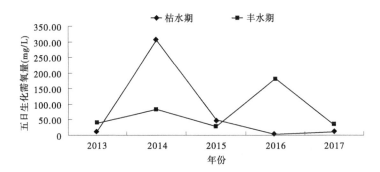

图6-9　出境断面五日生化需氧量丰、枯水期年际变化趋势

氨氮量在枯水期呈下降趋势,2017年有大的增幅。在丰水期从2013~2015年呈下降趋势,2015~2016年上升,2017年又有所下降,无明显的变化趋势和规律,见图6-10。

通过对出境断面的水质监测项目:溶解氧、高锰酸钾指数、化学需氧量、五日生化需氧量、氨氮5项水质指标状况进行分析,与入境断面水质相比,出境断面的5项水质状况变化趋势无明显规律。分析原因:关川河入境断面上游为农业灌溉区,河道污染情况主要受灌溉及地表径流影响。至出口断面时,河流流经农业用地、工业用地、城镇居民用地,径流污染物可能包括有机污染物、重金属等,随机性较强。

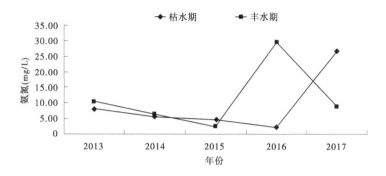

图 6-10　出境断面氨氮丰、枯水期年际变化趋势

6.3.3　水质空间分布状况

分析溶解氧、高锰酸钾指数、化学需氧量、五日生化需氧量、氨氮 5 项水质指标在入境、出境断面上的变化特征如图 6-11、图 6-12 所示。

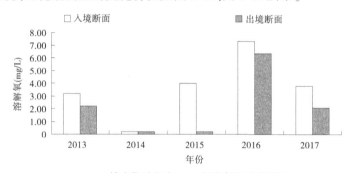

(a)枯水期溶解氧入、出境断面分布特征

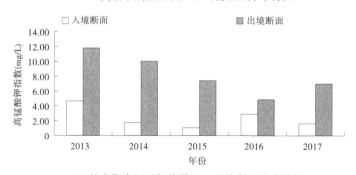

(b)枯水期高锰酸钾指数入、出境断面分布特征

图 6-11　枯水期变化特征

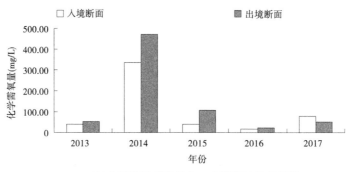

(c)枯水期化学需氧量入、出境断面分布特征

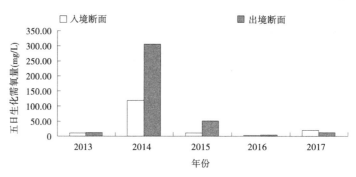

(d)枯水期五日生化需氧量入、出境断面分布特征

(e)枯水期氨氮入、出境断面分布特征

续图 6-11

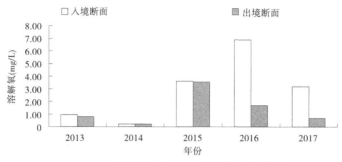

(a)丰水期溶解氧入、出境断面分布特征

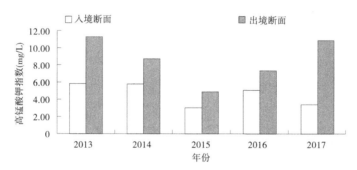

(b)丰水期高锰酸钾指数入、出境断面分布特征

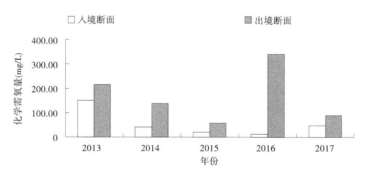

(c)丰水期化学需氧量入、出境断面分布特征

图6-12 丰水期变化特征

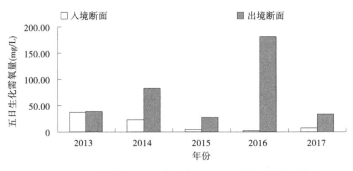

(d)丰水期五日生化需氧量入、出境断面分布特征

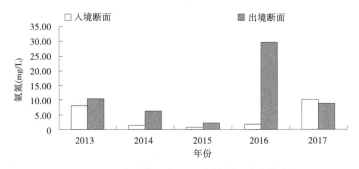

(e)丰水期氨氮入、出境断面分布特征

续图6-12

通过分析溶解氧、高锰酸钾指数、化学需氧量、五日生化需氧量、氨氮5项水质指标在入境、出境断面上的特征,在丰水期和枯水期,溶解氧均表现为入境断面>出境断面的分布特点。高锰酸钾指数、化学需氧量、五日生化需氧量、氨氮4项水质指标均表现为出境断面>入境断面的分布特点,且在2016年丰水期化学需氧量、五日生化需氧量、氨氮3项水质指标超标最为明显,并在丰水期水质变化特征较枯水期明显。表明从水质单项指标看,上游水质明显优于下游水质。分析原因:中上游26座排污口污水排入关川河后,受河水的紊流作用,在推移、分散、衰减和转化过程中,污水逐渐与河水混合、扩散。由于关川河水浅、量小、河面窄,预计入河污水对流速低、水深浅的河段或水域污染影响较大。特别是在枯水期,造成下游河段河流污染。

第7章 关川河水生生物状况分析

河流水生生态系统具有复杂性,有许多主要的水生生物类群被作为指示生物用于检测河流健康状况,其中底栖大型无脊椎动物和鱼类为使用较多的类群。底栖动物是指生活史的全部或大部分时间生活于水体底部的水生动物类群,是水生态系统的一个重要组成部分。底栖大型无脊椎动物是指肉眼可以观测到的无脊椎底栖动物,一般将不能通过0.5 mm(40目)孔径筛网的个体称为大型底栖动物或大型底栖无脊椎动物,主要由环节动物(水栖寡毛类、蛭类)、软体动物(螺类、蚌类)、线形动物(线虫)、扁形动物(涡虫)、节肢动物(甲壳纲、昆虫纲等)等组成。由于底栖生物长期生活在底泥中,区域性强,迁移能力弱,其多样性和群落结构组成的变化能反映河段生境条件的变化,是河流水质状况常用的一项检测指标,英国的"河流无脊椎动物预测和分类系统"(River Invertebrate Prediction and Classification System, RIVPACS)以及"澳大利亚河流评价计划"(Australian River Assessment System, AUSRIVAS)等都是在监测河流大型无脊椎动物生物多样性及其功能基础上构建的河流健康评价模型。此外,处于营养顶级的鱼类,在维系水生生态系统物质循环、能量流动、净化环境等方面具有显著功能,对维护生物多样性、保持生态平衡有着重要作用,且能够反映整个水生态系统的健康状况,所以也是河流健康评价的重要指示生物。根据《甘肃省重要河流健康调查评估技术大纲》中的河流健康评估指标体系,水生生物准则层(AL)由大型无脊椎动物生物完整性指数(BIBI)和鱼类生物损失指数(FOE)两个指标层(断面尺度)构成。鉴于大型无脊椎动物和鱼类在水生态系统的重要性及《甘肃省重要河流健康调查评估技术大纲》的要求,本次调查重点以水生大型底栖无脊椎动物物种多样性及群落结构和鱼类种类组成为主要内容,并尽量依据评价指标要求对关川河(定西段)的水生生物健康状况进行评价。

7.1 调查与评估方法

7.1.1 调查依据

调查依据包括《中国内陆水域渔业资源调查与分区》(1980~1988)、《甘肃鱼类资源和区划》《黄河水系渔业资源》《甘肃省渭河河流健康评估》(科学技术出版社,2017)、《内陆水域渔业自然资源调查手册》《甘肃脊椎动物志》《鱼类学》(教材)。

7.1.2 调查内容

底栖动物调查包括大型无脊椎底栖动物的定性、定量分析。定量分析主要统计物种总数及各类目的种类数、分析群落结构(各类目种类数占总种类数的比例),计算各类目的生物量和香农 – 威纳(Shannon-Wiener)多样性指数。鱼类调查包括渔获物种类组成、数量和重量组成(数量百分比、重量百分比)、主要渔获物年龄和体长组成以及历史数据调查。

7.1.3 调查方法

(1)断面设置及调查时间。在关川河定西段设两个检测断面,断面1位于定西市巉口镇三十里铺周家庄(上游,原巉口水文站站址处),河东岸居民集中,沿河有道路通过。断面2位于定西市鲁家沟镇蒋台村(下游),周边为大面积农田,人口少,河床水位很低,类似湿地。调查时间:底栖生物采样时间为 2018 年 6 月 28 日;鱼类采捕时间为 2018 年 6 月 28 日至 7 月 30 日。

(2)底栖动物调查。由于河流宽度较小,因此每个断面在河床中间设底栖生物采样点 1 个,每个采样点采 1 个泥样。样点 1 的地理位置为:纬度 35°41′20.1″,经度 104°33′1.08″,样点 2 的地理位置为纬度 35°48′37.6″,经度 104°32′28.2″。采样工具为彼得逊采泥器,采样面积为 1/16 m^2。河段的 2 个断面的底栖生物密度或生物量的平均值作为该河段最后调查的结果。将采到的泥样在实验室用 40 目分样筛筛选,为防止微小的底栖动物漏掉,于 40 目筛下,再套一个 60 目的筛。筛选出的样品,在自来水中冲洗,直至污泥完全干净,然后将残渣倒入白色解剖盘内,加入清水,借助放大镜按大类仔细检出全部底栖动物。过小的动物(如昆虫幼体)用小镊子、解剖针检选,柔软较小的动物用毛笔分拣。对分拣后的底栖动物记其数量并称重。称重时将标本移入自来水中浸泡 3 min,然后用吸水纸吸干表面的水分,再用电子天平(精度 0.000 1 g)称重。

(3)鱼类调查。鱼类采样在设置的检测断面附近,采取现场捕捞、走访收购、临时授权委托周边居民抓捕等方法进行。捕捞网具采用 1.2~4.5 cm 网目的单层和三层刺网,诱捕采用放入诱饵的 1.5~2.5 m 长的密眼地笼。将渔获物集中后带回实验室鉴定种类,测量每尾鱼的体长、体重,取鳞片鉴定年龄。

7.1.4 评价方法

（1）底栖生物健康状况评价。应用生物完整性评价河流生态系统健康状况，突破以往以单一水化指标或单一的生物指数来评价水环境质量状况的局限性，能从生态系统的角度更好地反映河流健康状况，已成为河流生态系统管理的重要方法。但生物完整性指数评价体系的构建是基于参照点与受损点筛选基础上进行的，应用生物完整性指数评价河流健康状况就是通过与参照点河流健康进行对比，评估"调查样点"河流健康退化程度，因此参照样点的筛选及生物指标分析是生物完整性评估方法的关键，而这需要大量的人力、物力和财力。受条件限制，本次底栖生物调查尚不能按照《甘肃省重要河流健康调查评估技术大纲》要求建立河流所在水生态分区的底栖生物健康评价体系，故底栖生物健康状况评价主要在相关指标定性、定量分析的基础上以定性描述为主，以物种多样性、群落结构（有指示意义的类目所占的比例）及指标生物的指标意义为主要内容进行分析描述。多样性指数采用香农-威纳（Shannon-Wiener）多样性指数，其计算公式如下：

$$H' = - \sum P_i \log 2^{P_i} \tag{7-1}$$

式中：P_i 为第 i 个分类单元的个体数与总个体数的比值。

（2）鱼类健康状况评价。鱼类健康状况评价，除了分析种类组成，渔获物数量、体重组成和鱼类年龄结构外，按照大纲的要求，基于历史数据（如所在河流鱼类历史调查数据或文献）和本次调查的种类组成结果，计算鱼类损失指数（FOE）。鱼类生物损失指数等于评估河段调查获得的鱼类种类数量占1980年以前评估河段的鱼类种类数量的百分比。具体方法如下：

$$FOE = FO/FE \tag{7-2}$$

式中：FOE 为鱼类生物损失指数；FO 为评估河段调查获得的鱼类种类数量；FE 为1980年以前评估河段的鱼类种类数量。鱼类生物损失指标赋分标准如表7-1所示。

表7-1 鱼类生物损失指数赋分标准

鱼类生物损失指数	FOE	1	0.85	0.75	0.6	0.5	0.25	0
指标赋分	$FOEr$	100	80	60	40	30	10	0

（3）水生生物准则层健康评价。根据《甘肃省重要河流健康调查评估技

术大纲》要求,水生生物准则层的赋分取底栖生物完整性指数赋分和鱼类生物损失指数赋分两个分值中的最小分值(两者选最小值)。公式如下:

$$ALr = \min(BIBIr, FOEr) \tag{7-3}$$

式中:ALr 为生物准则层赋分;$BIBIr$ 为大型底栖无脊椎动物完整性指数赋分;$FOEr$ 为鱼类生物损失指标赋分。

7.2 调查结果

7.2.1 底栖动物

(1)底栖动物种类组成。本次调查在样品中只检测到软体动物门的螺类和少量水生昆虫,未见其他门类的底栖生物,其名录(属)如表7-2所示。

表 7-2 关川河(定西段)底栖动物名录

门类	目次	科别	属名	样点 1	样点 2
软体动物 (螺类)	中腹足目	拟沼螺科	拟沼螺属 Assimineidae	+	+
	基眼目	扁卷螺科	圆扁螺属 Hippeutis	+	+
			旋螺属 Gyraulus	+	+
水生昆虫	双翅目	摇蚊科	摇蚊属 Chironomus	−	+

(2)底栖动物密度及生物量见表7-3。

表 7-3 关川河(定西段)底栖动物的密度和生物量

种类	样点 1(上游)		样点 2(下游)		平均	
	密度 (个/m²)	生物量 (g/m²)	密度 (个/m²)	生物量 (g/m²)	密度 (个/m²)	生物量 (g/m²)
拟沼螺属	32	31.002 1	48	48.096 0	40	39.549 1
圆扁螺属	16	48.131 2	368	48.483 2	192	48.307 2
旋螺属	32	50.211 2	96	48.324 8	64	49.268 0
摇蚊属	16	0.031 6	0	0	8	0.015 8
合计	96	129.376 1	512	144.904	304	137.140 1

（3）群落结构见表7-4。

表7-4　关川河（定西段）底栖动物群落结构

种类	数量密度（个/m²）	百分比（%）
拟沼螺属	40	13.16
圆扁螺属	192	63.16
旋螺属	64	21.05
摇蚊属	8	2.63

（4）底栖动物物种香农-威纳（Shannon-Wiener）多样性指数见表7-5。

表7-5　关川河（定西段）底栖动物多样性指数

河段	样点1（上游）	样点2（下游）	全河段
多样性指数	1.918 3	1.115 3	1.415 1

7.2.2　鱼类调查

（1）渔获物种类组成。本次调查到的关川河（定西段）鱼类名录见表7-6。

表7-6　关川河（定西段）鱼类名录

目	科别	中名	学名
鲤形目	鳅科	大鳞副泥鳅	*Paramisgurnus dabryanus*（Sauvage）
	鲤科	麦穗鱼	*Pseudorasbora parva*（Temminch et Schlegel）
合计			2种

（2）渔获物统计概况见表7-7。

表7-7　关川河（定西段）渔获物统计概况

鱼类种类	尾数		重量		体长（cm）		体重（g）	
	尾	%	克	%	范围	平均	范围	平均
麦穗鱼	2	50	1.12	7.22	4.93~4.98	4.96	0.55~0.57	0.56
大鳞副泥鳅	2	50	14.40	92.78	12.89~14.15	13.52	8.79~9.90	9.34
合计	4	100	15.52	100				

（3）渔获物的年龄组成。本次调查获得的 4 尾鱼,经鳞片鉴定年龄,均为 2 龄鱼。

（4）区系组成及主要鱼类生物学特征。

①区系组成。本次捕获的两种鱼,均属于晚第三纪早期区系复合体。该复合体是新生代第三纪早期在北半球温热带地区形成,由于气候变冷,该动物区系复合体被分割成若干不连续的区域,故这些鱼类被视为残遗种类,是我国本土鱼类。包括鲇科、胭脂鱼科、鲤亚科的麦穗鱼,鳅科的泥鳅、大鳞副泥鳅等。

②主要鱼类生物学特性。麦穗鱼:是淡水中广泛分布的小型鱼类,属鲤科鮈亚科。体长,稍侧扁,腹部圆。头小稍尖,侧面呈三角形。口小,上位,下颌长于上颌,口裂近垂直,口角不达鼻孔下方。唇薄简单。口角无须,下咽齿一行,纤细,末端呈钩状。鳃耙近退化,排列稀疏。鳞大,侧线完全,平直,末端呈钩状。背鳍短,无硬刺,其起点距吻端与距尾鳍基部约相等。胸鳍小,侧下位,后伸不达腹鳍起点。腹鳍起点与背鳍起点相对或稍前。臀鳍短小。尾鳍浅叉状。肛门紧靠臀鳍前方。食性以浮游生物中的轮虫、桡足类、枝角类为主要食物,其次为藻类,也吃水生昆虫及其幼虫。成熟麦穗鱼是典型的食底栖生物的鱼类。

大鳞副泥鳅:鳅科,副泥鳅属,背鳍 iii-7,腹鳍起点与背鳍第三根分枝鳍条相对,尾柄皮质棱非常发达,上皮棱较高而长,起点靠近背鳍基末端,下皮棱起点与臀鳍基末端相接,上、下皮棱末端均与尾鳍相连。背鳍距吻端较尾鳍为远,起点在背鳍之前,胸鳍远离腹鳍,腹鳍不达臀鳍,臀鳍略长,但不达尾鳍基部,尾鳍圆形,顺圆势有 7~8 行褐色点列。体背部及体侧上半部灰褐色,腹面白色,头及体侧及各鳍均有许多不规则小黑斑,前部圆柱形,后部侧扁。须 5 对,最长 1 对颌须末端达到或超过鳃盖骨中部。眼小,侧上位,无眼下刺。体被明显,鳞片稍大,侧线完全。栖息于河。杂食性鱼类,常以水中轮虫、枝角类、桡足类等浮游动物和底栖动物以及藻类、杂草嫩叶、植物碎屑、底泥中有机质为食。雌雄异体,2 龄性成熟,产卵持续时间长。

7.3 健康评价

7.3.1 底栖动物健康状况评价

通过查阅相关历史资料,在《甘肃渔业资源与规划》中,有 20 世纪 80 年代(1981~1982)对黄河干流刘家峡水库、泾河上游的崆峒水库和属于关川河的定西市石门水库 3 个水库底栖动物的定量数据(无河道底栖生物数据),其中刘家峡水库底栖生物密度为 192 个/m^2,总生物量为 0.30 g/m^2,由水生昆虫、水生寡毛类和陆生昆虫组成,分别占总生物量的 82.9%、15.1% 和 2.1%;崆峒水库的底栖动物密度为 142 个/m^2,总生物量为 0.7 个/m^2,由水生昆虫和水生寡毛类组成,分别占总生物量的 98.6% 和 1.4%;石门水库底栖动物密度为 784 个/m^2,总生物量为 3.39 个/m^2,由水生昆虫、水生寡毛类和陆生昆虫组成,分别占总生物量的 81.7%、18.3% 和 2.1%。可见历史上黄河干、支流底栖动物种类组成均较为简单,且以水生昆虫为主,相对于黄河干流和较大支流,关川河底栖动物的数量和生物量大。本次调查发现,关川河(定西段)底栖动物由 3 个科 4 个属组成,其中软体动物门的螺类有 2 科 3 属,分别是拟沼螺科的拟沼螺属,扁卷螺科的旋螺属和圆扁螺属。另一个科为节肢动物门摇蚊科的幼虫。与 20 世纪 80 年代的三大类(水生昆虫、水生寡毛类和陆生昆虫)相比,目前底栖生物仅有两大类(软体动物和水生昆虫),组成简单,群落丰富度变小,但总生物量(平均 137.140 1 g/m^2)比 20 世纪 80 年代增大 40 倍,说明与 20 世纪 80 年代相比,河流的健康受到了较大影响。分析需氧有机体百分率发现,底栖动物以中需氧量的圆扁螺属、拟沼螺属和旋螺属为主,占比达97.37%,还有 2.63% 低需氧的摇蚊类幼虫,未见到高需氧量的种类。需氧量越低的生物,其耐污能力越强,说明关川河底栖动物组成以较耐污的种类为主,这种情况多见于有轻度污染的河流。此外,螺类在众多湿地类型中分布广泛,是湿地中最为典型和常见的无脊椎动物类群之一,近来被认为是淡水湿地生态系统的良好指示物种,关川河的底栖动物除了比较少(个体数量百分比2.63%)的摇蚊类外,均为螺类,说明河流水位长期较低,河滩的生境与湿地有类似之处,河流正常功能和健康受到损伤。

　　在本次调查的两个样点中,上、下游的生物量差别较小,但底生物种类组成有差异,上游样点有摇蚊属幼虫的存在,因为摇蚊科幼虫的个体百分数随人类干扰会呈现单向增大的变化,因此推测上游样点附近受人类活动的干扰较大,而下游底栖生物组成单一,仅有螺类,但单位面积个体数量增大,尤其是中需氧量的种类圆扁螺属明显增多,这可能与下游水量减少适合螺类生存有关。多样性指数分析表明,上游多样性指数(1.918 3)略大于下游(1.115 4),全河段多样性指数为 1.415 1。

7.3.2 鱼类状况评价

7.3.2.1 渔获物组成

(1)种类组成。本次调查中,在关川河定西河段中,历时1个月,仅捕获2种共4尾鱼。与省内相邻的其他黄河水系(如洮河、渭河、泾河及其支流)相比,关川河鱼类种类及资源量很少。本次调查发现的大鳞副泥鳅(Paracobites Variegatus),为关川河新发现的种类,历史上未见关川河有大鳞副泥鳅的记载,是因历史上调查不全面或是其为近年来的侵入种不得而知。大鳞副泥鳅极易与泥鳅相混淆,两者均有5对须、无眼下刺且尾鳍为圆形,这些大鳞副泥鳅与泥鳅相同的特征可区别于条鳅亚科(如斑纹副鳅)、沙鳅亚科(如中华沙鳅)和花鳅亚科的花鳅属(如北方花鳅)等鱼类。但大鳞副泥鳅的背鳍鳍式为iii-7,腹鳍起点与背鳍第三根分枝鳍条相对,尾柄皮质棱非常发达,尾鳍顺圆势有7~8行褐色点列,这些特征与泥鳅有明显差别。本次调查正是依据上述特征鉴定为大鳞副泥鳅。

(2)数量和重量组成。关川河(定西段)麦穗鱼和大鳞副泥鳅个体数量各占50%,但大鳞副泥鳅的重量百分比占优势,为92.78%。

(3)年龄结构。本次捕获的两种鱼年龄均为2龄,两种个体大小相差较小。因捕获的鱼个体数太少,分析年龄结构无实际意义。

7.3.2.2 鱼类生物损失指数(FOE)指标分析

关于关川河的鱼类资源,历史上无有关报道,关川河上级支流的祖厉河,在20世纪80年代的调查中,也仅有北方花鳅一种记录(据《肃渔业资源与区划》),这显然是因为调查不全面而导致的。因此,以关川河或者祖厉河的历史鱼类资源为依据,计算鱼类生物损失指数不可行。而与关川河上游一山相隔的牛谷河,为散渡河的上游,散渡河具有20世纪80年代的鱼类种类资源数据。不过,关川河与牛骨河(散渡河上游)虽然都属于黄河水系,但两河以华家岭为界,因流向不同而形成黄河水系不同的支系。散渡河属于渭河支流,渭河在渭南市潼关县汇入黄河干流,而关川河汇入祖厉河后在甘肃靖远县汇入黄河干流,两河中的鱼类通过黄河干流相互交流的可能性极小,历史上长期的隔离必然导致鱼类种类组成出现很大的差异。因此,以散渡河为参考,计算关川河鱼类生物损失指数也存在较多问题。但考虑关川河与散渡河鱼类历史起源相同及生境的相似性,以及关川河鱼类资料缺失的客观情况,本调查采用散渡河的历史数据来估算关川河的鱼类损失指数。

据《甘肃省渭河河流健康评估》(2017),历史资料记载的散渡河有鱼类7

种。本次调查共发现关川河鱼类 2 种,鱼类损失指数 $FOE = 0.29$。

7.3.2.3　鱼类生物损失指数(FOE)指标分析

　　鉴于难以建立河流所在水生态分区的底栖生物健康评价体系,而水生物准则层的赋分又以底栖生物完整性指数赋分和鱼类生物损失指数赋分两个分值中的最小分值为最后赋分,而鱼类生物损失指数与 20 世纪 80 年代相比,因此更能客观反映河流健康状况,故本次调查的水生生物准则层赋分值理论上等于鱼类生物损失指数赋分,即 13.2 分。但考虑到关川河在历史上鱼类资源少于散渡河的可能性极大,且本次调查也可能存在样本采集不全的可能,故鱼类生物损失指数计算可能偏小,权衡各种因素,在实际应用中,鱼类生物损失指数取 0.4 比较适宜。

第8章 关川河社会服务 功能状况分析

河流的功能按照属性划分为自然功能、生态功能和社会功能,其中社会功能是河流自然功能和生态功能的重要体现。本章重点分析关川河水功能区达标、水资源开发利用和防洪能力等社会功能状况。

8.1 资料及数据来源

河流社会服务功能(SS)包括水功能区达标指标(WFZ)、水资源开发利用指标(WRU)、防洪指标(FLD)。

(1)水功能区达标指标(WFZ)。以水功能区水质达标率表示。水功能区水质达标率是指对评估河流包括的水功能区按照《地表水资源质量评价技术规程》(SL 395—2007)规定的技术方法确定的水质达标个数比例。该指标重点评估河流水质状况与水体规定功能,包括生态与环境保护和资源利用(饮用水、工业用水、农业用水、渔业用水、景观娱乐用水)等的适宜性。水功能区水质满足水体规定水质目标,则该水功能区规划功能的水质保障得到满足。评估年内水功能区达标次数占评估次数的比例大于或等于80%的水功能区确定为水质达标水功能区;评估河段达标水功能区个数占其区划总个数的比例为评估河段水功能区水质达标率。

(2)水资源开发利用指标(WRU)。以水资源开发利用率表示。水资源开发利用率是指评估河流流域内供水量占流域水资源量的百分比,水资源开发利用率表达流域经济社会活动对水量的影响,反映流域的开发程度,反映了社会经济发展与生态环境保护之间的协调性。有关水资源总量及开发利用量的调查统计遵循水资源调查评估的相关技术标准。

(3)河流防洪指标(FLD)。评估河道的安全泄洪能力。影响河流安全泄洪能力的因素很多,其中防洪工程措施和非工程措施的完善率是重要方面。

关川河水功能区划依据甘肃省人民政府批复的《甘肃省地表水功能区划(2012~2030年)》(甘政函〔2013〕4号)执行;关川河水质基础数据资料主要采用定西市环保局提供的关川河入境断面(内官镇先锋村)和出境断面(鲁家

沟镇南川村)2013~2017 年共 5 年的水质监测资料。其中 2013~2015 年的观测时间为每季度监测 1 次,2016~2017 年的观测时间为每月监测 1 次。监测项目包括 pH、溶解氧、高锰酸盐指数、化学需氧量、五日生化需氧量、氨氮、总磷、总氮、铜、锌、氟化物、硒、砷、汞、镉、六价铬、铅、氰化物、挥发酚、石油类、阴离子表面活性剂、硫化物、电导率(μS/cm)共 23 项。

8.2　关川河生态功能状况分析

　　河流是形成和支撑许多生态系统的重要元素,具有自然、生态和社会等多重属性。依据河流属性,将河流的功能划分为自然功能、生态功能、社会功能。河流的三种功能相互依存,且对立统一,其中自然功能是河流的最基本功能,决定了河流的生态功能和社会功能,社会功能是人类对河流自然功能的一种索求,生态功能则是自然功能形成的生态效应。河流的三种功能中,社会功能由人类赋予,并依据人类的价值取向开发和利用,对自然功能和生态功能产生影响,进而形成三者的连锁反应。当人类活动使得河流自然功能受损时,河流生态功能会相应减弱,进而影响河流的社会功能。随着经济社会的发展,人类开始按照自己的意图来开发利用和塑造自然界,对河流提出了新的功能要求,即河流的社会功能。目前,有学者对河流的社会功能进行了划分,主要包括生产功能、水资源供给功能、防洪功能等二级功能。其中:河流的生产功能主要指水力发电、水产品生产、内陆运输、景观娱乐等,主要为《水功能区划分标准》(GB/T 50594—2010)中二级水功能区中的渔业用水区、景观娱乐用水区等。河流的水源供给功能主要指饮用水、工业用水、农业用水、市政用水等,主要为《水功能区划分标准》(GB/T 50594—2010)中二级水功能区中的饮用水源区、工业用水区、农业用水区等。河流的防洪功能是指河流与其沿岸的河漫滩容纳和运输来自陆域的短期积水,为洪水提供出路,延缓洪水对陆域的侵犯。传统方法通过建立大型水利枢纽工程调节洪水,加固河堤等措施来增强防洪能力。

8.2.1　水功能区达标指标情况

　　水功能区是指为满足水资源合理开发、利用、节约和保护的需求,根据水资源的自然条件和开发利用现状,按照流域综合规划、水资源与水生态系统保护和经济社会发展要求,依其主导功能划定范围并执行相应水环境质量标准的水域,是国家主体功能区在河湖管理中的具体落实,是从严核定水域纳污能力,提出限制排污总量,建立水功能区限制纳污制度,制定水功能区限制纳污红线的重要基础和依据。

8.2.1.1　关川河水功能区划情况

（1）地表水环境质量标准。按照《地表水环境质量标准》（GB 3838—2002），依据地表水水域环境功能和保护目标，按功能高低依次划分为5类。其中：Ⅰ类主要适用于源头水、国家自然保护区；Ⅱ类主要适用于集中式生活饮用水地表水源地一级保护区、珍稀水生生物栖息地、鱼虾类产卵场、仔稚幼鱼的索饵场等；Ⅲ类主要适用于集中式生活饮用水地表水源地二级保护区、鱼虾类越冬场、洄游通道、水产养殖区等渔业水域及游泳区；Ⅳ类主要适用于一般工业用水区及人体非直接接触的娱乐用水区；Ⅴ类主要适用于农业用水区及一般景观要求水域。对应地表水上述5类水域功能，将地表水环境质量标准基本项目标准值分为5类，不同功能类别分别执行相应类别的标准值。水域功能类别高的标准值严于水域功能类别低的标准值。同一水域兼有多类使用功能的，执行最高功能类别对应的标准值。地表水环境质量标准基本项目标准限值见表8-1。

按照水质评价要求，地表水环境质量评价应根据应实现的水域功能类别，选取相应类别标准进行单因子评价，评价结果应说明水质达标情况，超标的应说明超标项目和超标倍数。丰、平、枯水期特征明显的水域，应分水期进行水质评价。

（2）水功能区划分。根据《水功能区划分标准》（GB/T 50594—2010），水功能区划为两级体系，即一级水功能区和二级水功能区。一级水功能区分四类，即保护区、保留区、开发利用区、缓冲区。二级水功能区是对一级水功能区中的开发利用区具体划分为饮用水源区、工业用水区、农业用水区、渔业用水区、景观娱乐用水区、过渡区、排污控制区7类。一级区划是在宏观上调整水资源开发利用与保护的关系，协调地区间关系，同时考虑持续发展的需求；二级区划主要确定水域功能类型及功能排序，协调不同行业间的用水关系。

表8-1　地表水环境质量标准基本项目标准限值　　（单位：mg/L）

序号	分类 标准值 项目	Ⅰ类	Ⅱ类	Ⅲ类	Ⅳ类	Ⅴ类
1	水温（℃）	人为造成的环境水温变化应限制在： 周平均最大温升≤1 周平均最大温降≤2				
2	pH值（无量纲）	6~9				
3	溶解氧≥	饱和率90%（或7.5）	6	5	3	2

续表 8-1

序号	分类 标准值 项目	I 类	II 类	III 类	IV 类	V 类
4	高锰酸盐指数 ≤	2	4	6	10	15
5	化学需氧量(COD)≤	15	15	20	30	40
6	五日生化需氧量(BOD$_5$)≤	3	3	4	6	10
7	氨氮(NH$_3$-N)≤	0.15	0.5	1	1.5	2
8	总磷(以 P 计)≤	0.02(湖、库 0.01)	0.1(湖、库 0.025)	0.2(湖、库 0.05)	0.3(湖、库 0.1)	0.4(湖、库 0.2)
9	总氮(湖、库,以 N 计)≤	0.2	0.5	1	1.5	2
10	铜 ≤	0.01	1	1	1	1
11	锌 ≤	0.05	1	1	2	2
12	氟化物(以 F⁻计)≤	1	1	1	1.5	1.5
13	硒 ≤	0.01	0.01	0.01	0.02	0.02
14	砷 ≤	0.05	0.05	0.05	0.1	0.1
15	汞 ≤	0.000 05	0.000 05	0.000 1	0.001	0.001
16	镉 ≤	0.001	0.005	0.005	0.005	0.01
17	铬(六价)≤	0.01	0.05	0.05	0.05	0.1
18	铅 ≤	0.01	0.01	0.05	0.05	0.1
19	氰化物 ≤	0.005	0.05	0.2	0.2	0.2
20	挥发酚 ≤	0.002	0.002	0.005	0.01	0.1
21	石油类 ≤	0.05	0.05	0.05	0.5	1
22	阴离子表面活性剂 ≤	0.2	0.2	0.2	0.3	0.3
23	硫化物 ≤	0.05	0.1	0.2	0.5	1
24	粪大肠菌群(个/L)≤	200	2 000	10 000	20 000	40 000

一级水功能区划分：保护区是指对水资源保护、自然生态系统及珍稀濒危物种的保护具有重要意义，需划定范围进行保护的水域。保护区应具备以下条件之一：重要的涉水国家级和省级自然保护区、国际重要湿地及重要国家级水产种质资源保护区范围内的水域或具有典型生态保护意义的自然生境内的水域；已建和拟建（规划水平年内建设）跨流域、跨区域的调水工程水源（包括线路）和国家重要水源地水域；重要河流源头河段一定范围内的水域。划区指标包括集水面积、水量、调水量、保护级别等。保护区水质标准原则上应符合《地表水环境质量标准》（GB 3838—2002）中的Ⅰ类或Ⅱ类水质标准；当由于自然、地质原因不满足Ⅰ类或Ⅱ类水质标准时，应维持现状水质。保留区是指目前水资源开发利用程度不高，为今后水资源可持续利用而保留的水域。保留区应具备以下条件：受人类活动影响较少，水资源开发利用程度较低的水域；目前不具备开发条件的水域；考虑可持续发展需要，为今后的发展保留的水域。划区指标包括产值、人口、用水量、水域水质等。保留区水质标准应不低于《地表水环境质量标准》（GB 3838—2002）规定的Ⅲ类水质标准或按现状水质类别控制。缓冲区是指为协调省际间、用水矛盾突出的地区同用水关系而划定的水域。缓冲区应具备以下划区条件：省（自治区、直辖市）行政区域边界的水域；用水矛盾突出的地区之间的水域。划区指标包括省界断面水域、用水矛盾突出的水域范围、水质、水量状况等。水质标准根据实际需要执行相应水质标准或按现状水质控制饮用水源区。开发利用区是指为满足城镇生活、工农业生产、渔业、娱乐等功能需求而划定的水域。划区条件为取水口集中，有关指标达到一定规模和要求的水域。划区指标包括产值、人口、用水量、排污量、水域水质等。水质标准按照二级水功能区划相应类别的水质标准确定。

二级水功能区划分：饮用水源区是指为城镇提供综合生活用水而划定的水域。饮用水源区应具备以下划区条件：现有城镇综合生活用水取水口分布较集中的水域，或在规划水平年内为城镇发展设置的综合生活供水水域；用水户的取水量符合取水许可管理的有关规定。划区指标包括相应的人口、取水总量、取水口分布等。水质标准应符合《地表水环境质量标准》（GB 3838—2002）中Ⅱ～Ⅲ类水质标准，经省级人民政府批准的饮用水源一级保护区执行Ⅱ类标准。工业用水区是指为满足工业用水需水而划定的水域。工业用水区应具备以下划区条件，现有工业用水取水口分布较集中的水域，或在规划水平年需设置的工业用水供水水域，供水水量满足取水许可管理的有关规定。划区指标包括工业产值、取水总量、取水口分布等。水质标准应符合《地表水环境质量标准》(GB 3838—2002)中Ⅳ类水质标准。农业用水区是指为满足农业灌溉用水而划定的水域。农业用水区应具备以下划区条件:现有的农业灌溉用水取水口分布较集中的水域,或在规划水平年内需设置的农业灌溉用水供水水域;供水量满足取水许可管理的有关规定。区划指标包括灌区面积、取水总量、取水口分布等。水质标准应符合《地表水环境质量标准》(GB 3838—2002)中Ⅴ类水质标准,或按《农田灌溉水质标准》(GB 5084—2005)的规定确定。渔业用水区是指为水生生物自然繁育以及水产养殖而划定的水域。渔业用水区应具备以下划区条件:天然的或天然水域中人工营造的水生生物养殖用水的水域;天然的水生生物的重要产卵场、索饵场、越冬场及主要洄游通道涉及的水域或为水生生物养护、生态修复所开展的增殖水域。划区指标包括主要水生生物物种、资源量以及水产养殖产量、产值等。水质标准应符合《渔业水质标准》(GB 11607—1989)的规定,也可按《地表水环境质量标准》(GB 3838—2002)中Ⅱ类或Ⅲ类水质标准确定。景观娱乐用水区是指以满足景观、疗养、度假和娱乐需要为目的的江河湖库等水域。景观娱乐用水区应具备以下划区条件:休闲、娱乐、度假所涉及的水域和水上运动场需要的水域;风景名胜区所涉及的水域。划区指标包括景观娱乐功能需求、水域规模等。水质标准应根据具体使用功能符合《地表水环境质量标准》(GB 3838—2002)中相应水质标准。过渡区是指为满足水质目标有较大差异的相邻水功能区间水质要求,而划定的过渡衔接水域。过渡区应具备以下划区条件:下游水质要求高于上游水质要求的相邻功能区之间的水域;有双向水流,且水质要求不同的相邻功能区之间的水墙。划区指标包括水质与水量。水质标准应按出流断面水质达到相邻功能区的水质目标要求选择相应的控制标准。排污控制区是指生产、生活废污水排污口比较集中的水域,且所接纳的废污水不对下游水环境保护目标产生重大不利影响。排污控制区应具备以下划区条件:接纳废污水中污染物为可稀释降解的;水域稀释自净能力较强,其水文、生态特性适宜作为排污区。划区指标包括污染物类型、排污量、排污口分布等。水质标准应按其出流断面的水质状况达到相邻水功能区的水质控制标准确定。

根据2013年1月甘肃省人民政府批复的《甘肃省地表水功能区划(2012~2030年)》(甘政函〔2013〕4号),关川河流域水功能区2个、总河长208.3 km,其中保留区1个,为巉口至祖历河口,河长77 km。农业用水区1个,为关川河起始源头至巉口,河长131.3 km。水质目标确定为Ⅲ类或优于Ⅲ类的水功能区的0个(见表8-2)。

表 8-2　关川河流域地表水功能区划统计

一级区	二级区	水功能区个数（个）	水功能区河长（km）
保护区			
保留区		1	77
缓冲区			
开发利用区	饮用水源区		
	工业用水区		
	农业用水区		
	渔业用水区	1	131.3
	景观娱乐用水区		
	过渡区		
	排污控制区		
	二级区小计	1	131.3
水功能区小计		2	208.3

关川河干流安定区段共划分 2 个水功能区,总河长 80.6 km。其中关川河河源至巉口段 25.32 km,水质目标为Ⅳ,巉口段至鲁家沟出口段 55.28 km,水质目标为Ⅳ(见表 8-3)。

表 8-3　关川河流域地表水功能区水质目标统计

水质目标	水功能区个数(个)	水功能区河长(km)
Ⅳ	2	208.3

8.2.1.2　现状水质状况评价分析

根据 2016 年关川河水质监测资料,依据地表水功能区《地表水资源质量评价技术规程》(SL 395—2007)、《地表水环境质量标准》(GB 3838—2002)等对河流现状水质进行分析评价。

（1）评价的方式及方法。评价标准：《地表水环境质量标准》（GB 3838—2002）和《地表水资源质量评价技术规程》（SL 395—2007）。评价方法：采用单指标评价法，以Ⅲ类地表水标准值作为水体是否超标的判定值（Ⅰ、Ⅱ、Ⅲ类水质定义为达标，Ⅳ、Ⅴ、劣于Ⅴ类水质定义为超标），当出现不同类别的标准值相同的情况时按最优类别确定水质类别。评价项目：评价项目包括《地表水环境质量标准》（GB 3838—2002）规定的基本项目。在 COD 大于 30 mg/L 的水域选用化学需氧量，在 COD 不大于 30 mg/L 的水域选用高锰酸盐指数。评价数据要求：关川河为季节性河流，水质评价数据符合下列要求，水期评价采用 3 次（含 3 次）以上的监测数据的算术平均值；年度评价采用 6 次（含 6 次）以上的监测数据算术平均值。

（2）评价结果。关川河 2 个监测站，代表河长 80.6 km。分别为内官先锋村的入境断面监测站和鲁家沟南川村的出境监测站，分别代表关川河干流长度 25.32 km、55.28 km。对关川河分别进行水质站评价和区域水质评价。水质断面评价：水质站水质评价包括单项水质项目水质类别评价、单项水质项目超标倍数评价、水质站水质类别评价和水质站主要超标项目评价 4 部分内容。其中单项水质项目水质类别根据该项目实测浓度值与《地表水环境质量标准》（GB 3838—2002）限值的比对结果确定。当不同类别标准值相同时，应遵循从优不从劣原则。单项水质项目浓度超过《地表水环境质量标准》（GB 3838—2002）Ⅲ类标准限值的称为超标项目。超标项目的超标倍数按式（8-1）计算，溶解氧不计算超标倍数。

$$B_i = \frac{C_i}{S_i} - 1 \qquad (8\text{-}1)$$

式中：B_i 为水质项目超标倍数；C_i 为水质项目浓度，mg/L；S_i 为水质项目的Ⅲ类标准限值，mg/L。

水质站水质类别按所评价项目中水质最差项目的类别确定。水质站主要超标项目的判定方法应是将各单项水质项目的超标倍数由高至低排序，列前三位的项目应为水质站的主要超标项目。

①关川河内官先锋村断面水质评价。

由表 8-4 和图 8-1 分析可知，通过对比分析关川河内官先锋村断面溶解氧、高锰酸盐指数、五日生化需氧量、氨氮、总磷、总氮、铜、锌、氟化物、硒、砷、汞、镉、铬（六价）、铅、氰化物、挥发酚、石油类、阴离子活性剂、硫化物共 20 项单项水质项目水质监测数据表明，该断面单项水质项目中：溶解氧在非汛期为

6.7,汛期为 6.9,全年平均值为 6.8,均达到Ⅱ类水质标准值。高锰酸钾指数在非汛期为 3.3,达到Ⅱ类水质标准值,汛期为 4.5,达到Ⅲ类水质标准值,全年平均值为 4,达到Ⅱ类水质标准值。五日生化需氧量在非汛期为 2.75,汛期为 2.34,全年平均值为 2.52,均达到Ⅱ类水质标准值。氨氮在非汛期为 1.08,达到Ⅲ类水质标准值,汛期为 2.87,为劣Ⅴ类水质,全年平均值为 2.07,为劣Ⅴ类水质。总磷在非汛期为 0.07,汛期为 0.09,全年平均值为 0.08,均达到Ⅱ类水质标准。总氮在非汛期为 22,汛期为 18.4,全年平均值为 20,均为劣Ⅴ类水质。铜在非汛期为 0.002,汛期为 0.002,全年平均值为 0.002,均达到Ⅰ类水质标准值。锌在非汛期为 0.02,汛期为 0.02,全年平均值为 0.02,均达到Ⅰ类水质标准值。氟化物在非汛期为 0.89,汛期为 0.39,全年平均值为 0.61,均达到Ⅰ类水质标准值。硒在非汛期为 0.000 4,汛期为 0.004,全年平均值为 0.004,均达到Ⅰ类水质标准值。砷在非汛期为 0.05,汛期为 0.003,全年平均值为 0.003,均达到Ⅰ类水质标准值。汞在非汛期为 0.000 1,汛期为 0.000 04,全年平均值为 0.000 04,均达到Ⅰ类水质标准值。镉在非汛期为 0.000 1,汛期为 0.000 1,全年平均值为 0.000 1,均达到Ⅰ类水质标准值。铬(六价)在非汛期为 0.004,汛期为 0.004,全年平均值为 0.004,均达到Ⅰ类水质标准值。铅在非汛期为 0.005,汛期为 0.005,全年平均值为 0.005,均达到Ⅰ类水质标准值。氰化物在非汛期为 0.004,汛期为 0.004,全年平均值为 0.004,均达到Ⅰ类水质标准值。挥发酚在非汛期为 0.000 3,汛期为 0.000 3,全年平均值为 0.000 3,均达到Ⅰ类水质标准值。石油类在非汛期为 0.05,汛期为 0.05,全年平均值为 0.06,均达到Ⅰ类水质标准值。硫化物在非汛期为 0.02,汛期为 0.05,全年平均值为 0.03,均达到Ⅰ类水质标准值。

通过单项水质项目分析,单项水质项目的超标项目主要为:氨氮和总氮,其中氨氮在汛期为 2.87,为劣Ⅴ类水质,全年平均值为 2.07,为劣Ⅴ类水质。总氮在非汛期为 22,汛期为 18.4,全年平均值为 20,均为劣Ⅴ类水质。依据式(8-1)计算,氨氮在汛期的超标倍数为 0.9,全年超标倍数为 0.38。总氮在非汛期超标倍数为 21,汛期为 17.4,全年平均值为 19。在关川河内官先锋村断面主要超标项目为总氮,其次为氨氮。按照水质站水质类别按所评价项目中水质最差项目的类别确定的原则,关川河内官先锋村断面在汛期、非汛期、全年均为劣Ⅴ类水质。

②关川河鲁家沟南川村断面水质评价。

表 8-4 关川河内官先锋村断面现状水质评价

项目	溶解氧≥	高锰酸盐指数≤	五日生化需氧量≤	氨氮≤	总磷≤	总氮≤	铜≤	锌≤	氟化物≤	硒≤
Ⅰ类标准值	7.5	2	3	0.15	0.02	0.2	0.01	0.05	1	0.01
Ⅱ类标准值	6	4	3	0.5	0.1	0.5	1	1	1	0.01
Ⅲ类标准值	5	6	4	1	0.2	1	1	1	1	0.01
Ⅳ类标准值	3	10	6	1.5	0.3	1.5	1	2	1.5	0.02
Ⅴ类标准值	2	15	10	2	0.4	2	1	2	1.5	0.02
非汛期	6.7	3.3	2.75	1.08	0.07	22.0	0.002	0.02	0.89	0.000 4
汛期	6.9	4.5	2.34	2.87	0.09	18.4	0.002	0.02	0.39	0.000 4
全年	6.8	4.0	2.52	2.07	0.08	20.0	0.002	0.02	0.61	0.000 4

项目	砷≤	汞≤	镉≤	铬（六价）≤	铅≤	氰化物≤	挥发酚≤	石油类≤	阴离子表面活性剂≤	硫化物≤
Ⅰ类标准值	0.05	0.000 05	0.001	0.01	0.01	0.005	0.002	0.05	0.2	0.05
Ⅱ类标准值	0.05	0.000 05	0.005	0.05	0.01	0.05	0.002	0.05	0.2	0.1
Ⅲ类标准值	0.05	0.000 1	0.005	0.05	0.05	0.2	0.005	0.05	0.2	0.2
Ⅳ类标准值	0.1	0.001	0.005	0.05	0.05	0.2	0.01	0.5	0.3	0.5
Ⅴ类标准值	0.1	0.001	0.01	0.1	0.1	0.2	0.1	1	0.3	1
非汛期	0.05	0.000 1	0.000 1	0.004	0.005	0.004	0.000 3	0.01	0.05	0.02
汛期	0.000 3	0.000 04	0.0001	0.004	0.005	0.004	0.000 3	0.01	0.06	0.05
全年	0.000 3	0.000 04	0.000 1	0.004	0.005	0.004	0.000 3	0.01	0.05	0.03

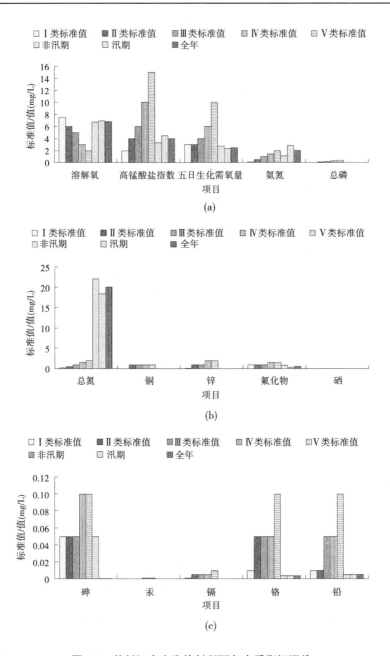

图 8-1　关川河内官先锋村断面各水质指标评价

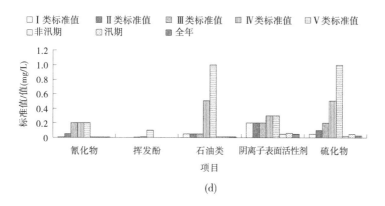

(d)

续图 8-1

由表 8-5 和图 8-2 分析可知,通过对比分析关川河鲁家沟南川村断面溶解氧、化学需氧量、五日生化需氧量、氨氮、总磷、总氮、表面铜、锌、氟化物、硒、砷、汞、镉、铬(六价)、铅、氰化物、挥发酚、石油类、阴离子表面活性剂、硫化物共 20 项单项水质项目水质监测数据表明,该断面单项水质项目中:溶解氧在非汛期为 3.3,汛期为 2.3,全年平均值为 2.8,均为 V 类水质。化学需氧量在非汛期为 184.5,汛期为 157.9,全年平均值为 171.2,均为劣 V 类水质。五日生化需氧量在非汛期为 106.2,汛期为 75.7,全年平均值为 91,均为劣 V 类水质。氨氮在非汛期为 24.6,汛期为 20.8,全年平均值为 22.7,均为劣 V 类水质。总磷在非汛期为 2.64,汛期为 3.04,全年平均值为 2.84,均为劣 V 类水质。总氮在非汛期为 46.8,汛期为 43.2,全年平均值为 45,均为劣 V 类水质。铜在非汛期为 0.002,汛期为 0.002,全年平均值为 0.002,均达到 I 类水质标准值。锌在非汛期为 0.04,汛期为 0.02,全年平均值为 0.03,均达到 I 类水质标准值。氟化物在非汛期为 0.866,汛期为 0.508,全年平均值为 0.687,均达到 I 类水质标准值。硒在非汛期为 0.000 4,汛期为 0.004,全年平均值为 0.004,均达到 I 类水质标准值。砷在非汛期为 0.05,汛期为 0.003,全年平均值为 0.003,均达到 I 类水质标准值。汞在非汛期为 0.000 04,汛期为 0.000 04,全年平均值为 0.000 04,均达到 I 类水质标准值。镉在非汛期为 0.000 1,汛期为 0.000 1,全年平均值为 0.000 1,均达到 I 类水质标准值。铬(六价)在非汛期为 0.004,汛期为 0.004,全年平均值为 0.004,均达到 I 类水质标准值。铅在非汛期为 0.005,汛期为 0.005,全年平均值为 0.005,均达到 I 类水质标准值。氰化物在非汛期为 0.004,汛期为 0.004,全年平均值为 0.004,均达到 I 类水质标准值。挥发酚在非汛期为 0.000 3,汛期为 0.000 3,全年平均值为 0.000 3,均达到 I

类水质标准值。石油类在非汛期为 0.147,为 V 类水质,汛期为 0.038,为 I 类水质,全年平均值为 0.093,为 IV 类水质。阴离子表面活性在非汛期为 0.76,为劣 V 类水质,汛期为 0.09,为 I 类水质,全年平均值为 0.093,为劣 V 类水质。硫化物在非汛期为 1.64,汛期为 2.75,全年平均值为 2.2,均为劣 V 类水质。

表 8-5 关川河鲁家沟南川村断面现状水质评价表

项目	溶解氧≥	化学需氧量≤	五日生化需氧量≤	氨氮≤	总磷≤	总氮≤	铜≤	锌≤	氟化物≤	硒≤
I 类标准值	7.5	15	3	0.15	0.02	0.2	0.01	0.05	1	0.01
II 类标准值	6	15	3	0.5	0.1	0.5	1	1	1	0.01
III 类标准值	5	20	4	1	0.2	1	1	1	1	0.01
IV 类标准值	3	30	6	1.5	0.3	1.5	1	2	1.5	0.02
V 类标准值	2	40	10	2	0.4	2	1	2	1.5	0.02
非汛期	3.3	184.5	106.2	24.6	2.64	46.8	0.002	0.04	0.866	0.000 4
汛期	2.3	157.9	75.7	20.8	3.04	43.2	0.002	0.02	0.508	0.000 4
全年	2.8	171.2	91.0	22.7	2.84	45.0	0.002	0.03	0.687	0.000 4

项目	砷≤	汞≤	镉≤	铬(六价)≤	铅≤	氰化物≤	挥发酚≤	石油类≤	阴离子表面活性剂≤	硫化物≤
I 类标准值	0.05	0.000 05	0.001	0.01	0.01	0.005	0.002	0.05	0.2	0.05
II 类标准值	0.05	0.000 05	0.005	0.05	0.01	0.05	0.002	0.05	0.2	0.1
III 类标准值	0.05	0.000 1	0.005	0.05	0.05	0.2	0.005	0.05	0.2	0.2
IV 类标准值	0.1	0.001	0.005	0.05	0.05	0.2	0.01	0.5	0.3	0.5
V 类标准值	0.1	0.001	0.01	0.1	0.1	0.2	0.1	1	0.3	1
非汛期	0.000 3	0.000 04	0.000 1	0.004	0.005	0.004	0.000 3	0.147	0.76	1.64
汛期	0.000 3	0.000 04	0.000 1	0.004	0.005	0.004	0.000 3	0.038	0.09	2.75
全年	0.000 3	0.000 04	0.000 1	0.004	0.005	0.004	0.000 3	0.093	0.42	2.20

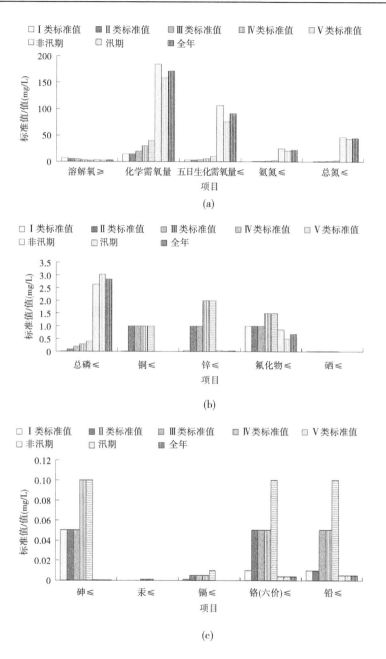

图 8-2 关川河鲁家沟南川村断面各水质指标评价

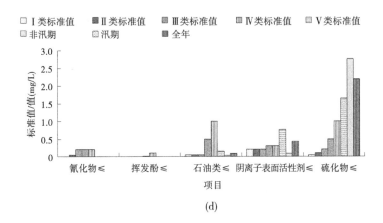

(d)

续图 8-2

　　通过单项水质项目分析,单项水质项目除溶解氧外的超标项目主要为:化学需氧量、五日生化需氧量、氨氮、总磷、总氮、石油类、阴离子表面活性、硫化物共 8 项,占单项水质项目总数的 40%。超标倍数依据式(8-1)计算,按照年平均超标倍数统计,总氮超标倍数最高,为 44,以下依次为五日生化需氧量为 21.8、氨氮为 21.7、总磷为 13.2、硫化物为 10.0、化学需氧量为 7.6、石油类为 0.9、阴离子表面活性剂为 1.1。按照水质站水质类别按所评价项目中水质最差项目的类别确定的原则,关川河鲁家沟南川村断面在汛期、非汛期、全年均为劣 V 类水质。结果见表 8-6。

　　关川河水质评价:关川河安定区段水质评价包括各类水质类别比例、Ⅰ~Ⅲ类比例、Ⅳ~V 类比例、关川河水质主要超标项目 4 部分内容。各类水质类别比例为Ⅰ类、Ⅱ类、Ⅲ类、Ⅳ类、V 类及劣 V 类的比例;Ⅰ~Ⅲ类比例应为Ⅰ类、Ⅱ类及Ⅲ类比例之和;Ⅳ~V 类比例应为Ⅳ类及 V 类比例之和。关川河按水质站、代表河流长度两种口径进行评价。主要超标项目根据各单项水质项目超标频率的高低排序确定。排序前三位的为流域及区域的主要超标项目。水质项目超标频率按式(8-2)计算。

$$PB_i = \frac{NB_i}{N_i} \times 100\% \qquad (8-2)$$

式中:PB_i 为某水质项目超标频率;NB_i 为某水质项目超标水质站个数;N_i 为某水质项目评价水质站总个数。

表 8-6　关川河鲁家沟断面单项水质超标项目统计

项目		总氮 ≤	五日生化需氧量≤	氨氮 ≤	总磷 ≤	硫化物 ≤	化学需氧量≤	阴离子表面活性剂≤	石油类 ≤
Ⅲ类标准值		1	4	1	0.2	0.2	20	0.2	0.05
指标值	非汛期	46.8	106.2	24.6	2.64	1.64	184.5	0.76	0.147
	汛期	43.2	75.7	20.8	3.04	2.75	157.9		
	全年	45	91	22.7	2.84	2.2	171.2	0.42	0.093
超标倍数	非汛期	45.8	25.6	23.6	12.2	7.2	8.2	2.8	1.9
	汛期	42.2	17.9	19.8	14.2	12.8	6.9		
	全年	44.0	21.8	21.7	13.2	10.0	7.6	1.1	0.9

根据断面水质分析,关川河水质断面共 2 个,在非汛期、汛期、全部为劣 Ⅴ 类水质断面,代表河长 80.6 km,占 100%。根据式(8-2)计算,总氮、氨氮、五日生化需氧量、总磷、硫化物、化学需氧量、石油类、阴离子表面活性剂八项为关川河主要超标水质项目。超标频率总氮、氨氮全部为 100%,五日生化需氧量、总磷、硫化物、化学需氧量、石油类、阴离子表面活性 6 项为 50%。

8.2.1.3　水功能区水质评价分析

根据 2013～2017 年水质监测成果,依据地表水功能区《地表水资源质量评价技术规程》(SL 395—2007)、《地表水环境质量标准》(GB 3838—2002)等对水功能区达标率进行分析评价。

1.评价的方式及方法

根据 2013 年 1 月甘肃省人民政府批复的《甘肃省地表水功能区划(2012～2030 年)》(甘政函〔2013〕4 号),关川河流域水功能区 2 个、总河长 208.3 km,其中保留区 1 个,为巉口至祖厉河口,河长 77 km。农业用水区 1 个,为关川河起始源头至巉口,河长 131.3 km。关川河干流安定区段共划分 2 个水功能区,总河长 80.6 km。其中关川河河源至巉口段 25.32 km,水质目标为Ⅳ,巉口段至鲁家沟出口段 55.28 km,水质目标为Ⅳ。

(1)基本要求。评价范围包括关川河水功能一级区中的保留区,水功能二级区中的农业用水区。并按年度评价水功能区,评价期内监测次数不少于 6 次。

(2)评价标准与评价项目。评价标准应以《地表水环境质量标准》(GB 3838—2002)为基本标准,单一功能的水功能区,以其水质管理目标对应的水质标准为评价标准。多功能水功能区应以水质要求最高功能所规定的水质管理目标对应的水质标准为评价标准。评价项目根据水功能区功能要求确定。

（3）评价数据要求。水功能区水质代表值按以下规定确定：只有一个水质代表断面的水功能区，以该断面的水质数据作为水功能区的水质代表值；有两个或两个以上代表断面的其他水功能区，以代表断面水质浓度的加权平均值或算术平均值作为水功能区的水质代表值。采用加权方法时，以河流长度作权重。

2.单个水功能区达标评价

单个水功能区达标评价包括单次水功能区达标评价、单次水功能区主要超标项目评价、年度水功能区达标评价、年度水功能区主要超标项目评价4部分。其中，单次水功能区达标评价：根据水功能区管理目标规定的评价内容进行，对规定了水质类别管理目标的水功能区，进行水质类别达标评价。所有参评水质项目均满足水质类别管理目标要求的水功能区为水质达标水功能区；任何一项不满足水质类别管理目标要求的水功能区均为水质不达标水功能区。单次水功能区主要超标项目评价：单次水功能区达标评价水质浓度代表值劣于管理目标类别对应标准限值的水质项目称为超标项目。超标项目的超标倍数应按式（8-3）计算，水温、pH和溶解氧不计算超标倍数。将各超标项目按超标倍数由高至低排序，排序列前三位的超标项目为单次水功能区的主要超标项目。

$$FB_i = \frac{FC_i}{FS_i} - 1 \tag{8-3}$$

式中：FB_i 水功能区某超标项目的超标倍数；FC_i 为水功能区某水质项目的浓度，mg/L；FS_i 为水功能区水质管理目标对应的标限值，mg/L。多年水功能区达标评价：在各水功能区单次达标评价成果基础上进行。在评价年度内，达标率大于（含等于）80%的水功能区为多年达标水功能区。多年水功能区达标率按式（8-4）计算：

$$FD = \frac{FG}{FN} \times 100\% \tag{8-4}$$

式中：FD 为多年水功能区达标率；FG 为多年水功能区达标次数；FN 为多年水功能区评价次数。多年水功能区超标项目：应根据水质项目多年的超标率确定。多年超标率大于20%的水质项目为水期或多年水功能区超标项目。将多年水功能区超标项目按超标率由高至低排序，排序列前三位的超标项目为水期或多年水功能区主要超标项目。水质项目水期或多年超标率根据式（8-5）计算：

$$FC_i = \left(1 - \frac{FG_i}{FN_i}\right) \times 100\% \tag{8-5}$$

式中:FC_i 为水质项目水期或年度超标率;FG_i 为水质项目水期或年度达标次数;FN_i 为水质项目水期或年度评价次数。根据《甘肃省地表水功能区划(2012~2030年)》(甘政函〔2013〕4号),关川河流域水功能区 2 个、总河长208.3 km,其中保留区 1 个,为巉口至祖历河口,河长 77 km。农业用水区 1个,为关川河起始源头至巉口,河长 131.3 km。关川河干流安定区段共划分 2个水功能区,总河长 80.6 km。其中关川河河源至巉口段 25.32 km,为农业用水功能区,水质目标为Ⅳ,巉口段至鲁家沟出口段 55.28 km,为保留区,水质目标为Ⅳ。

(1)农业用水功能区达标评价。关川河农业用水区 1 个,水质目标为Ⅳ类,见表 8-7。

表 8-7 关川河农业用水功能区达标评价

项目	溶解氧≥	化学需氧量≤	五日生化需氧量≤	氨氮≤	总磷≤	总氮≤	铜≤	锌≤	氟化物≤	硒≤
Ⅳ类标准值	3	30	6	1.5	0.3	1.5	1	2	1.5	0.02
2013 年	2.1	95.7	24.1	7.7	2.1	18.5	0.002	0.02	0.3	0.000 5
2014 年	0.2	188.6	71.1	0.8	0.1	14.5	0.002	0.02	0.5	0.000 5
2015 年	4.7	23.1	4.0	0.9	0.1	3.8	0.002	0.02	0.7	0.000 5
2016 年	6.8	14.7	2.5	2.1	0.1	20.0	0.002	0.02	0.6	0.000 4
2017 年	2.4	54.0	13.9	5.3	0.3	25.7	0.001	0.05	0.4	0.000 4

项目	砷≤	汞≤	镉≤	铬(六价)≤	铅≤	氰化物≤	挥发酚≤	石油类≤	阴离子表面活性剂≤	硫化物≤
Ⅳ类标准值	0.1	0.001	0.005	0.05	0.05	0.2	0.01	0.5	0.3	0.5
2013 年	0.000 1	0.000 01	0.000 1	0.004	0.005	0.004	0.000 3	0.01	1.38	0.005
2014 年	0.000 1	0.000 01	0.000 1	0.004	0.005	0.004	0.000 3	0.01	0.05	0.005
2015 年	0.000 1	0.000 01	0.000 1	0.004	0.005	0.004	0.000 3	0.01	0.05	0.005
2016 年	0.000 3	0.000 04	0.000 1	0.004	0.005	0.004	0.000 3	0.02	0.05	0.033
2017 年	0.000 3	0.000 04	0.000 1	0.004	0.002	0.004	0.000 3	0.01	0.05	0.005

关川河农业用水功能区达标对比见图 8-3。

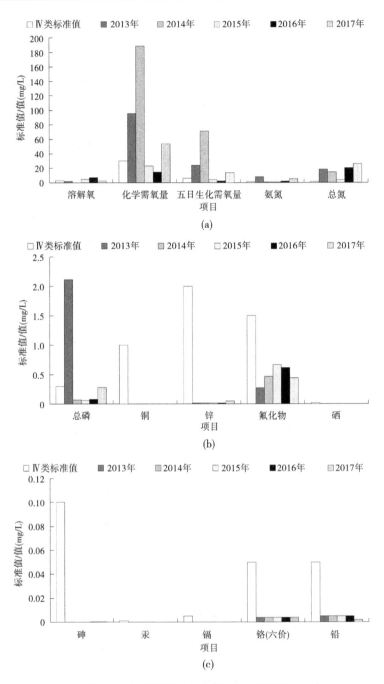

图 8-3　关川河农业用水功能区达标对比

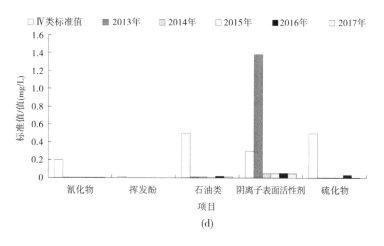

续图 8-3

通过对比分析关川河农业用水功能区 2013～2017 年溶解氧、化学需氧量、五日生化需氧量、氨氮、总磷、总氮、表面铜、锌、氟化物、硒、砷、汞、镉、铬（六价）、铅、氰化物、挥发酚、石油类、阴离子表面活性剂、硫化物共 20 项单项水质项目水质监测数据，表明该断面在 2013 年，除溶解氧外有化学需氧量、五日生化需氧量、氨氮、总磷、总氮、阴离子表面活性 6 项未达到水质类别管理目标要求，超标倍数分别为 2.2、3、4.2、11.3、6、3.6，主要超标项目为总氮、总磷、氨氮。在 2014 年，除溶解氧外，有化学需氧量、五日生化需氧量、总氮 3 项未达到水质类别管理目标要求，超标倍数分别为 5.3、10.8、8.7，主要超标项目为总磷、氨氮、总氮。在 2015 年，有总氮 1 项未达到水质类别管理目标要求，超标倍数为 1.6，主要超标项目为总氮。在 2016 年，有氨氮、总氮 2 项未达到水质类别管理目标要求，超标倍数分别为 0.4、12.3，主要超标项目为总氮、氨氮。在 2017 年，除溶解氧外，有化学需氧量、五日生化需氧量、氨氮、总氮 4 项未达到水质类别管理目标要求，超标倍数分别为 0.8、1.3、2.5、16.1，主要超标项目为总氮、氨氮、五日生化需氧量（结果见表 8-8）。在该水功能区，超标频率最高的总氮，超标频率 100%，其次为氨氮，超标频率 80%，再为化学需氧量和五日生化需氧量，超标频率 60%，总磷和阴离子表面活性剂超标频率为 20%。按照任何一项不满足水质类别管理目标要求的水功能区均为水质不达标水功能区的评价要求，从 2013～2017 年，关川河农业用水区(起始源头至巉口)，河长 25.32 km，水质全部未达到水功能区目标Ⅳ类要求，依据式(8-4)计算，多年水功能区达标率为 0。

表 8-8　关川河农业用水功能区超标项目统计

项目		化学需氧量	五日生化需氧量	氨氮	总氮	总磷	阴离子表面活性剂
Ⅳ类标准值		30	6	1.5	1.5	0.3	0.3
2013 年	值	95.7	24.1	7.7	18.5	2.1	1.38
	超标倍数	2.2	3.0	4.2	11.3	6.0	3.6
2014 年	值	188.6	71.1	14.5			
	超标倍数	5.3	10.8	8.7			
2015 年	值				3.8		
	超标倍数				1.6		
2016 年	值			2.1	20.0		
	超标倍数			0.4	12.3		
2017 年	值	54.0	13.9	5.3	25.7		
	超标倍数	0.8	1.3	2.5	16.1		

（2）保留区达标评价。关川河保留区 1 个，水质目标为Ⅳ类。

通过对比分析关川河保留区 2013～2017 年溶解氧、化学需氧量、五日生化需氧量、氨氮、总磷、总氮、铜、锌、氟化物、硒、砷、汞、镉、铬（六价）、铅、氰化物、挥发酚、石油类、阴离子表面活性剂、硫化物共 20 项单项水质项目水质监测数据，表明该断面在 2013 年，除溶解氧外，有化学需氧量、五日生化需氧量、氨氮、总磷、总氮、阴离子表面活性剂 6 项未达到水质类别管理目标要求，超标倍数分别为 3.5、3.2、5、15、17.6、3.9，主要超标项目为总氮、总磷、氨氮。在 2014 年，除溶解氧外，有化学需氧量、五日生化需氧量、氨氮、总氮 4 项未达到水质类别管理目标要求，超标倍数分别为 9.2、31.3、3、14.9，主要超标项目为五日生化需氧量、总氮、化学需氧量。在 2015 年，除溶解氧外，有化学需氧量、五日生化需氧量、氨氮、总氮 4 项未达到水质类别管理目标要求，超标倍数分别为 1.2、3.7、1.7、8.7，主要超标项目为总氮、五日生化需氧量、氨氮。在 2016 年，有化学需氧量、五日生化需氧量、氨氮、总磷、总氮、阴离子表面活性剂、硫化物 7 项未达到水质类别管理目标要求，超标倍数分别为 4.7、14.2、14.3、8.3、29、0.4、3.4，主要超标项目为总氮、氨氮、五日生化需氧量。在 2017 年，除溶解氧外，有化学需氧量、五日生化需氧量、氨氮、总磷、总氮 5 项未达到水质类别管理目标要求，超标倍数分别为 2.2、5、7.7、2.7、17.3，主要超标项目为总氮、氨

氮、五日生化需氧量(结果见表 8-9)。在该水功能区,超标频率最高的化学需
氧量,超标频率 100%,其次为五日生化需氧量、氨氮、总氮,超标频率 80%,再
为总磷,超标频率 60%,阴离子表面活性剂超标频率为 40%,硫化物超标频率
为 20%。按照任何一项不满足水质类别管理目标要求的水功能区均为水质
不达标水功能区的评价要求,从 2013 年开始至 2017 年,关川河保留区(巉口
至鲁家沟出口段),河长 55.28 km,水质全部未达到水功能区目标Ⅳ类要求,
依据式(8-4)计算,多年水功能区达标率为 0。

表 8-9　关川河保留区达标评价

项目	溶解氧≥	化学需氧量≤	五日生化需氧量≤	氨氮≤	总磷≤	总氮≤	铜≤	锌≤	氟化物≤	硒≤
Ⅳ类标准值	3	30	6	1.5	0.3	1.5	1	2	1.5	0.02
2013 年	1.5	134	25	9	4.8	27.9	0.002	0.02	0.2	0.000 5
2014 年	0.2	305	194	6	0.2	23.9	0.002	0.02	0.6	0.000 5
2015 年	3.4	67	28	4	0.1	14.5	0.002	0.02	0.5	0.000 5
2016 年	2.8	171	91	23	2.8	45.0	0.007	0.03	0.7	0.000 4
2017 年	1.1	95	36	13	1.1	27.5	0.001	0.05	1.0	0.000 4

项目	砷≤	汞≤	镉≤	铬(六价)≤	铅≤	氰化物≤	挥发酚≤	石油类≤	阴离子表面活性剂≤	硫化物≤
Ⅳ类标准值	0.1	0.001	0.005	0.05	0.05	0.2	0.01	0.5	0.3	0.5
2013 年	0.000 1	0.000 1	0.000 1	0.010	0.005	0.004	0.000 3	0.01	1.46	0.005
2014 年	0.000 1	0.000 1	0.000 1	0.004	0.005	0.004	0.000 3	0.01	0.05	0.005
2015 年	0.000 1	0.000 1	0.000 1	0.004	0.005	0.004	0.000 3	0.01	0.05	0.005
2016 年	0.000 3	0.000 04	0.000 1	0.004	0.005	0.004	0.000 3	0.01	0.42	2.196
2017 年	0.000 3	0.000 04	0.000 1	0.004	0.005	0.004	0.000 3	0.01	0.05	0.007

关川河保留区达标对比见图 8-4。

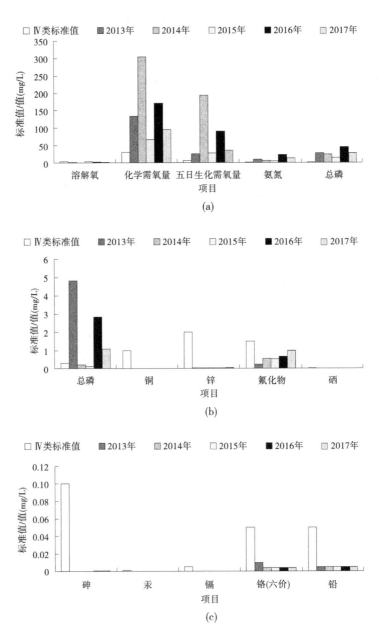

图 8-4 关川河保留区达标对比

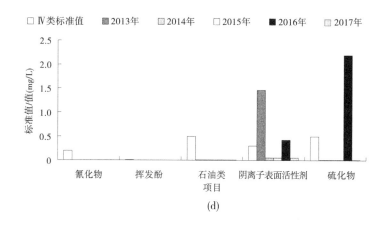

(d)

续图 8-4

表 8-10　关川河保留区超标项目统计

项目		溶解氧≥	化学需氧量≤	五日生化需氧量≤	氨氮≤	总磷≤	总氮≤	阴离子表面活性剂≤	硫化物≤
Ⅳ类标准值		3	30	6	1.5	0.3	1.5	0.3	0.5
2013 年	值	1.5	134	25	9	4.8	27.9	1.46	
	超标倍数	—	3.5	3.2	5.0	15.0	17.6	3.9	
2014 年	值	0.2	305	194	6		23.9		
	超标倍数	—	9.2	31.3	3.0		14.9		
2015 年	值	3.4	67	28	4		14.5		
	超标倍数	—	1.2						
2016 年	值	2.8	171	91	23	2.8	45	0.42	2.196
	超标倍数	—	4.7	14.2	14.3	8.3	29.0	0.4	3.4
2017 年	值	1.1	95	36	13	1.1	27.5		
	超标倍数	—	2.2	5.0	7.7	2.7	17.3		

（3）关川河干流水功能区达标评价。通过对关川河干流安定区段干流水功能区进行达标评价,关川河干流安定区段水功能区达标比例、水功能一级区(不包括开发利用区)达标比例、水功能二级区达标比例、各分类水功能区达标比例全部为0。根据各单项水质项目水功能区超标频率的高低排序,排序前三位的总氮、化学需氧量、氨氮3项单项水质项目为关川河安定区段水功能区的主要超标项目。

8.2.2　水资源开发利用程度

水资源是经济社会发展不可或缺的一种自然资源,是人类生存的基础资源之一,也是自然生态系统的重要组成部分。为了保障经济社会可持续发展,必须实现水资源可持续利用;为了保障人类生存所依赖的自然生态系统健康发展、持续为人类服务,必须保留足够的生态用水数量和一定的质量。针对某一条河流,国际上一般认为,对一条河流的开发利用不能超过其水资源量的40%。超过国际公认的40%的水资源开发生态警戒线,严重挤占生态流量,水环境自净能力锐减。水资源开发利用的程度以水资源开发利用率表示。水资源开发利用率是指流域或区域用水量占水资源总量的比率。水资源开发利用率表达流域经济社会活动对水量的影响,反映流域的开发程度,反映了社会经济发展与生态环境保护之间的协调性。河段水资源开发利用率的计算公式为:

$$WRU = WU/WR \tag{8-6}$$

式中:WRU 为评估河段水资源开发利用率;WU 为评估河段水资源开发利用量;WR 为评估河段水资源总量。

（1）关川河水资源总量状况。关川河流域地处半干旱少水带,多年降水深为 200~400 mm,年径流深为 50~300 mm。通过第 1 章流域概况分析,关川河流域在安定区境内出境断面处以上呈区域闭合状态,无来客水,在出境处有出境水量,但没有分水协议规定的出境水量。以巉口水文站为代表站,断面以上流域面积 1 640 km²,对 2001 年以后的资料系列插补延长后,关川河巉口站多年平均年径流量 1 200 万 m³。为确定关川河安定区出境断面的径流量,本评估采用代表站法关川河安定区段多年平均年径流量。基本思路为:在研究的分区内,选择一个或几个位置适中、实测径流资料系列较长并具有足够精度、产汇流条件有代表性的测站作为代表站,计算代表站逐年及多年平均年径流量和不同频率的年径流量,然后根据径流形成条件的相似性,把代表站的计

算成果按面积比的方法推广到整个研究区域,从而推算区域多年平均及不同频率的年径流量。计算公式为:

$$W_q = \frac{F_q}{F_d} W_d \qquad (8-7)$$

式中:W_q 为研究区域年径流量或多年平均年径流量,m³;W_d 为代表站控制范围的年径流量或多年平均年径流量,m³;F_q、F_d 为研究区域和代表站的流域面积,km²。关川河安定区境内流域面积 2 755.19 km²,其中巉口水文站以上控制面积 1 640 km²,根据式(8-7)计算,安定区境内关川河多年平均年径流量 2 015.99 万 m³。

随着人类经济社会的发展,对关川河水资源的开发利用和调控,使关川河天然的水文规律不断遭到破坏,水文站的实测径流资料已不能真实反映断面以上径流的天然规律。本评估通过分项估算的还原计算方法对关川河天然径流量进行计算:

$$W_{天然} = W_{实测} + W_{工城} + W_{灌溉} + W_{引} \qquad (8-8)$$

式中:$W_{天然}$ 为还原到天然状态下的河川径流量,m³;$W_{实测}$ 为水文站实测河川径流量,m³;$W_{工城}$ 为工业、城镇用水耗水量,m³;$W_{灌溉}$ 为灌溉耗水量,m³;$W_{引}$ 为跨流域调出水量。经调查分析,利用关川河水资源灌溉的原关川河东河(源头值巉口)、中河灌区(巉口至鲁家沟)灌溉水源从 2015 年开始调整为引洮水源,关川河灌溉耗水量为 0;石门水库灌区(西河上游),灌溉面积 0.48 万亩,原均采用石门水库库水进行灌溉,2015 年开始调整为引洮水源灌溉灌区北部的 0.31 万亩,灌溉用水量 87.4 万 m³,石门水库库水灌溉灌区南部 0.17 万亩,灌溉用水量 48.1 万 m³,因此关川河灌溉耗水量 $W_{灌溉}$ = 48.1 万 m³。因水质水量等原因,关川河流域城市及工业用水大部分为外调引洮水资源,但是关川河采砂用水仍采用关川河河水。根据定西市安定区水务局《关于定西市彦君采砂有限责任公司等 8 家采砂企业取水许可申请的批复》安水发〔2017〕180 号文批复关川河采砂企业批准许可年取水总量为 82.96 万 m³,则关川河工业、城镇用水耗水量 $W_{工城}$ = 82.96 万 m³,安定区关川河河道采砂企业取水许可申请批复名录见表 8-11。同时无跨流域的外调引水量。根据式(8-8)计算,关川河天然河川径流量为实测径流量 2 015.99 万 m³。根据式(8-6)计算,关川河水资源开发利用率为 6.5%。

表 8-11　安定区关川河河道采砂企业取水许可申请批复名录

序号	乡镇	企业名称	取水地点	批准许可年取水总量（万 m³）
1	鲁家沟镇	定西市强力土建工程有限公司	鲁家沟将台河段	8.42
			鲁家沟南川一社	10.14
2	鲁家沟镇	定西市彦君采砂有限责任公司	鲁家沟将台河段三社段	10.63
3	鲁家沟镇	定西市民旺商贸有限公司	鲁家沟将台河段三社段	10.50
4	鲁家沟镇	安定区恒胜沙厂	鲁家沟太平村李家铺桥	10.60
5	鲁家沟镇	安定区吉源砂厂	鲁家沟南川二社	8.10
6	巉口镇	安定区伟远粉石厂	巉口镇康家庄村段	8.37
7	称钩镇	定西润发工程机械有限公司	称钩驿镇周家河村段	8.1
8	称钩镇	安定区瑞欣天成粉石洗砂石	称钩驿镇梁家坪段	8.1
合计				82.96

　　（2）关川河水资源可利用量估算。因自然界水资源可再生能力是有限的,为了确保水资源可持续利用,保护人类生存的环境及生态(河道生态及流量、水面蒸发、渗漏、水体自净等),必须限制水资源的开发利用。在我国的大量文献中,常采用"国际公认水资源利用率极限40%（或合理上限30%）"作为河流水资源开发利用极限值。据此估算,关川河水资源可利用量为806万 m³左右。综合考虑第3章、第5章及本章关川河水文及水质分析,建议对关川河水环境进行进一步整治,达到水功能区Ⅳ目标后,将关川河水资源可利用量806万 m³作为农业灌溉、工业及景观用水,或在汛期调蓄后作为枯水期关川河生态基流用水。

8.2.3　防洪指标状况

　　关川河流域属大陆性季风气候,区域内降水年内、年际变化较大,全年70%降水量集中在7~9月,且多以暴雨形式出现,由于境内植被稀少,沟壑纵横,常常由于局部突发性暴雨导致山洪。作为境内的主要河流,关川河承担着流域内防洪、排涝的艰巨任务,是水网体系的重要组成部分和水环境的重要载体,如防洪设施不完善,有可能导致溃堤、漫堤的危险,将在很大程度上威胁到河流两岸生活群众的生命和财产安全,给社会经济的发展造成比较大的损失。河流的防洪功能是维持河流良好形态的基本要求,如果河流没有防御洪水的能力,河流将泛滥成灾,则不能称其为健康。河流防洪功能的评价有断面过洪能力指标、河流调蓄能力指标、工程控制能力指标等,其中防洪工程措施和非工程措施的完善率是重要方面。依据《甘肃省重要河流健康调查评估技术大纲》要求,对河流安全泄洪能力的评估重点是工程措施的完善状况。

（1）关川河防洪工程规划情况。依据定西市人民政府《关于安定区东西河干流防洪治理规划的批复》（定政函〔2006〕30 号）、《定西市安定区东西河干流防洪治理规划》（2006 年）、《甘肃省定西市中小河流近期治理建设规划》（2008 年）、《甘肃省定西市中小河流治理及中小水库除险加固专项规划》（2010 年）、《甘肃省定西市水利发展与改革"十二五"规划》,关川河应完成的防洪工程主要为定西市安定区关川河王家窝窝堤防工程、定西市安定区关川河堡子上堤防工程、定西市安定区关川河四咀子段堤防工程、定西市安定区关川河朱家店段堤防工程、定西市安定区关川河巉口段堤防工程、定西市安定区关川河磨石沟堤防工程、定西市安定区关川河赵家崖湾堤防工程、定西市安定区关川河大崖沟段堤防工程、定西市安定区关川河史家河段堤防工程、定西市安定区关川河罗圈段堤防工程、定西市安定区关川河陈家门段堤防工程共 11项,规划对未设防的关川河河道进行防洪治理,治理河长 68.86 km,新建堤防137.72 km,其中左岸 68.86 km,右岸 68.86 km,防洪标准 10 年一遇。规划治理河长占原河长 88.02 km 的 78.23%。

表 8-12　关川河防洪工程规划情况

序号	规划项目名称	建设性质	规划建设内容			规划前现状标准	规划标准	备注
			治理河长（km）	左岸堤防（km）	右岸堤防（km）			
1	王家窝窝堤防工程	新建	6.81	6.81	6.81	未设防	10 年一遇	
2	堡子上堤防工程	新建	5.9	5.9	5.9	未设防	10 年一遇	
3	四咀子段堤防工程	新建	6.06	6.06	6.06	未设防	10 年一遇	
4	朱家店段堤防工程	新建	6.3	6.3	6.3	未设防	10 年一遇	
5	巉口段堤防工程	新建	6.08	6.08	6.08	未设防	10 年一遇	
6	磨石沟堤防工程	新建	6.33	6.33	6.33	未设防	10 年一遇	

续表 8-12

| 序号 | 规划项目名称 | 建设性质 | 规划建设内容 | | | 规划前现状标准 | 规划标准 | 备注 |
			治理河长（km）	左岸堤防（km）	右岸堤防（km）			
7	赵家崖湾堤防工程	新建	6.34	6.34	6.34	未设防	10年一遇	
8	大崖沟段堤防工程	新建	6.09	6.09	6.09	未设防	10年一遇	
9	史家河段堤防工程	新建	6.42	6.42	6.42	未设防	10年一遇	
10	罗圈段堤防工程	新建	6.47	6.47	6.47	未设防	10年一遇	
11	陈家门段堤防工程	新建	6.06	6.06	6.06	未设防	10年一遇	
	合计		68.86	68.86	68.86			

（2）关川河防洪工程建设情况。通过实施以工代赈、中小河流治理等项目，近年来在关川河先后实施了东河渠首至王家窝窝段、安家庄段、城北二路至城南八路段、朱家庄至巉口段、罗圈段堤防工程，共治理河长 11.57 km（见表 8-13），全部为混凝土堤防，占规划治理河长 68.86 km 的 16.8%，占现状河长 80.06 km 的 14.45%。新建堤防 26.083 km，占规划新建堤防 137.72 km 的 18.9%。其中 50 年一遇标准河道长度 8.962 km，占已治理河长的 77.46%，10 年一遇标准河道长度 2.608 km，占已治理河长的 22.54%。

表 8-13 关川河防洪工程建设情况

| 规划项目名称 | 建设性质 | 建设内容（km） | | | 河道变化情况（km） | | | 建设现状标准 | 建设标准 | 备注 |
		治理河长	左岸堤防	右岸堤防	建设前	建设后	裁弯取直			
东河渠首至王家窝窝段堤防工程	新建	3.21	3.272	3.169	6.31	3.21	3.1	未设防	50年一遇	混凝土堤防
安家庄段堤防工程	新建	1.862	1.796	1.868	3.6	1.862	1.738	未设防	50年一遇	混凝土堤防
城北二路至城南八路段堤防工程	新建	2.927	2.944	2.896	9.023	2.927	6.096	未设防	50年一遇	混凝土堤防

续表 8-13

规划项目名称	建设性质	建设内容（km）			河道变化情况（km）			建设现状标准	建设标准	备注
		治理河长	左岸堤防	右岸堤防	建设前	建设后	裁弯取直			
南八路至南三路段堤防工程	新建	0.923	2.43	2.43	4.62	0.923	3.697	未设防	50年一遇	混凝土堤防
朱家庄至岘口段堤防工程	新建	1.79	1.81	1.751	2.534	1.79	0.744	未设防	10年一遇	混凝土堤防
罗圈段堤防工程	新建	0.858	0.894	0.823	1.353	0.858	0.495	未设防	10年一遇	混凝土堤防
合计		11.57	13.146	12.937	27.44	11.57	15.87			

通过防洪工程的实施,关川河已治理段行洪能力明显增强,设防标准显著提高。但目前关川河现状防洪堤防工程治理率为 14.45%,治理水平较低,且已建堤防工程全部为混凝土堤防,对调节生态平衡环境功效较差。

8.3 关川河社会功能状况分析

社会服务功能(SS)包括水功能区达标指标(WFZ)、水资源开发利用指标(WRU)、防洪指标(FLD)三个指标。

8.3.1 水功能区达标指标分析

水功能区达标指标以水功能区水质达标率表示。水功能区水质达标率是指对评估河流包括的水功能区按照《地表水资源质量评价技术规程》(SL 395—2007)规定的技术方法确定的水质达标个数比例。该指标重点评估河流水质状况与水体规定功能,包括生态与环境保护和资源利用(饮用水、工业用水、农业用水、渔业用水、景观娱乐用水)等的适宜性。水功能区水质满足水体规定水质目标,则该水功能区规划功能的水质保障得到满足。评估年内水功能区达标次数占评估次数的比例大于或等于80%的水功能区确定为水质达标水功能区;评估河段达标水功能区个数占其区划总个数的比例为评估河段水功能区水质达标率。水功能区达标指标赋分按式(8-9)计算:

$$WFZr = WFZP \times 100 \tag{8-9}$$

式中:$WFZr$ 为评估河段水功能水质达标率指标赋分;$WFZP$ 为评估河段水功能区水质达标率。

通过对关川河干流安定区段干流水功能区进行达标评价,关川河干流安定区段水功能区达标比例、水功能一级区(不包括开发利用区)达标比例、水功能二级区达标比例、各分类水功能区达标比例全部为 0。

8.3.2　水资源开发利用程度分析

水资源开发利用程度以水资源开发利用率表示,通过上节对关川河水资源开发利用程度分析,关川河天然河川径流量为实测径流量 2 015.99 万 m³,因水质、水量及利用外调水资源等原因,关川河水资源开发利用率仅为 6.5%。

8.3.3　防洪指标分析

河流防洪指标(FLD)评估河道的安全泄洪能力。影响河流安全泄洪能力的因素很多,其中防洪工程措施和非工程措施的完善率是重要方面。对关川河安全泄洪能力的评估重点是工程措施的完善状况。

防洪工程措施完善率。河流防洪指标(FLD)用防洪工程措施完善率表示,其计算公式如下:

$$FLD = \frac{\sum_{n=1}^{N} RIVLn}{\sum_{n=1}^{N} RIVLg} \times 100\% \tag{8-10}$$

式中:FLD 为河段防洪工程措施完善率;$RIVLn$ 为已完成达标防洪工程次河段的长度;N 为评估河流根据防洪规划划分的次河段数量;$RIVLg$ 为规划应完成防洪工程次河段的长度。

根据关川河防洪工程规划情况,将关川河划分为王家窝窝段、堡子段、四咀子段、朱家店段、巉口段、磨石沟段、赵家崖湾段、大崖沟段、史家河段、罗圈段、陈家门段 11 个次河段,各次河段防洪工程措施完善率见表 8-14。

表 8-14　关川河防洪工程措施完善率情况

序号	次河段名称	规划情况		已治理情况		实施项目名称	次河段防洪工程是否达标	防洪工程措施完善率
		河长（km）	标准	河长（km）	标准			
1	王家窝窝段	6.81	10 年一遇	6.81	50 年一遇	东河渠首至王家窝窝段堤防工程	是	100%
2	堡子段	5.9	10 年一遇	5.9	50 年一遇	安家庄段、城北二路至城南八路、南八路至南三路段堤防工程	是	100%
3	四咀子段	6.06	10 年一遇		10 年一遇		否	0
4	朱家店段	6.3	10 年一遇		10 年一遇		否	0
5	巉口段	6.08	10 年一遇	6.08	10 年一遇	朱家庄至巉口段堤防工程	是	100%
6	磨石沟段	6.33	10 年一遇		10 年一遇		否	0
7	赵家崖湾段	6.34	10 年一遇		10 年一遇		否	0
8	大崖沟段	6.09	10 年一遇		10 年一遇		否	0
9	史家河段	6.42	10 年一遇		10 年一遇		否	0
10	罗圈段	6.47	10 年一遇	6.47	10 年一遇	罗圈段堤防工程	是	100%
11	陈家门段	6.06	10 年一遇		10 年一遇		否	0
	合计	68.86		25.26				36.68%

第9章　河长制网格化管理信息系统设计

　　河道"河长制"网格化管理信息系统是在参照城市网格化管理模式的基础上,按照河道分段实施河长制的原则,将网格化管理模式与和信息化管理相结合,进行河道河长制网格化管理信息系统的研究,搭建河长制网格化管理平台,并通过配合采用人工巡查、监督举报相结合的方式,依托遥感影像进行河道岸线动态监测,采用多种手段、多种方式进行高频率的河道岸线巡查,遏制乱占乱建、乱围乱堵、乱采乱挖、乱倒乱排现象,为加强河道生态环境建设和河长制落实提供技术支撑。通过该系统建设,可通过终端加强对河道单元网格的管理,做到能够主动发现,及时处理,加强对河道污染的管理能力和处理速度,将被动应对问题的管理模式转变为主动发现问题和解决问题。

9.1　系统的总体设计

　　建设河长制网格化管理信息系统,需要建立多个数据库,系统主要包括三大数据库:基础资料库、基础信息数据库和地理信息数据库。其中:基础资料库包括关川河安定区流域概况、自然条件、经济社会发展情况、开发管理保护现状和存在的问题分析;基础信息数据库包括水文水资源、水质和社会服务功能;地理信息数据库包括河流形态状况、河岸带状况和视频监控。通过数据库的建立和系统的设计,实现大量数据管理和多用户并发访问的功能,并以多种显示方式显示查询结果,包括地图、列表、动态图、过程线及文字介绍等。

9.1.1　系统概述

　　系统建设采用 PHP + MySQL 进行开发,基于 Web 开发的最佳组合"LAMP 模式"—— Linux　操作系统、Apache 网络服务器、MySQL 数据库、PHP 语言。PHP + MySQL 是目前最为成熟、稳定、安全的企业级 Web 开发技术,广泛应用于各类小中大型站点。其成熟的架构、稳定的性能、嵌入式开发方式、简洁的语法,使得系统能迅速开发。PHP 结合 MySQL 运行于 Linux 平台,执行效率相对其他语言更高;安全性较 NT（Windows）平台更强。PHP 在安全性上表现优秀,账号、密码以 MD5 数据加密技术的采用,确保数据账号信息安全。关键数据采用多层加密技术,有效保证数据安全。站点 Web 服务器采用 Apache 网络服务器,网站采用 B/S 结构(Browser/Server 结构,结构即浏览器和服务器结构),主程序采用 N 层分布式结构实现,在核心层之上,各项功能按模块进行编写,便于扩展新功能或进行升级。Web 架构设计,采用 HT-ML + CSS 代码设计进行书写,实现页面的内容与表现形式分离,兼容市面主流浏览器。

9.1.1.1　开发平台

1. 数据库平台

选用 MySQL 作为数据库管理系统平台,实现系统中管理数据的录入、存储、维护、查询等开发应用。

2. 系统平台

Web 服务器:CentOS/Debian/Ubuntu 等。客户机:Windows 2000/2003/XP/7。

9.1.1.2　运行环境

客户端:操作系统为 Windows 2000/2003/XP/7,浏览器为 IE9.0 以上。

Web 服务器:CentOS/Debian/Ubuntu 等。

9.1.2　系统基本功能

系统的基本功能就是通过界面完成对数据库中表记录的各项操作,包括对数据库表记录的添加、修改、删除以及对数据库表记录的查询。用户进入综合数据库管理系统后,一般用户只能够查询数据,选择要进入的系统模块,通过条件对数据进行查询;系统管理员可以进入数据管理页面,选择要维护的模块后,对该模块的数据进行添加、修改、删除等操作。系统基本流程如图 9-1 所示。

河长制网格化管理信息系统的登录页面如图 9-2 所示。

系统默认有一个系统管理员,他具有最高管理权限,由他来分配其他用户以及用户拥有的操作权限。

用户填写用户名以及密码之后成功登录管理系统,根据每个用户的操作权限,定制页面上按钮的显示与否,主页面如图 9-3 所示。

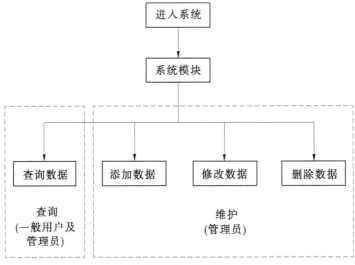

图 9-1　基本流程图

图 9-2　系统登录界面

9.2　系统的常用功能模块设计

系统的常用功能主要包括水文水资源、水质、物理结构、视频监控、数据查询和后台管理 6 大模块。

图 9-3   系统主页面图

9.2.1   水文水资源模块

水文水资源模块主要包括水文站点设置、实时流量和径流量 3 个子模块（见图 9-4）。收集实测水文资料，实时更新数据库中水文信息，可以直观地反映河道流量变化情况。该模块主要由洪峰流量预警图、生态流量预警图和多年平均流量图组成。

当前 » 水文水资源

水文水资源

水文站点设置

实时流量

径流量

图 9-4   水文水资源模块

9.2.1.1   水文站点设置

关川河流域主要设置东河水文站、西河水文站和巉口水文站三个水文站，通过水文站点设置图（见图 9-5）可以直观地反映水文站所处的位置。

水文站点设置

图 9-5   水文站点设置

9.2.1.2　实时流量监测

关川河巉口水文站 10 年一遇洪峰流量为 426 m³/s,实时监测流量数据每小时更新一次,将实时监测流量数据导入系统内,可以直观地反映流量在 24 h 内的变化情况,当流量超过 10 年一遇洪峰流量时系统进行预警(见图 9-6)。

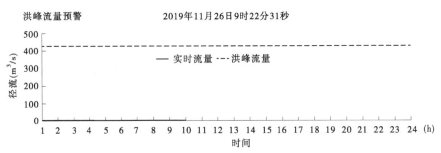

图 9-6　洪峰流量预警动态图

关川河巉口水文站的最小生态基流量为 0.222 m³/s。实时监测流量数据每小时更新一次,将实时监测流量数据导入系统内,可以直观地反映流量在 24 h 内的变化情况,当流量小于河道的最小生态基流量时系统进行预警(见图 9-7)。

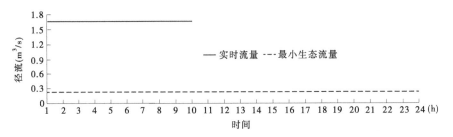

图 9-7　生态流量预警动态图

9.2.1.3　径流量趋势

收集实测水文资料,将河道每月的径流量输入后台数据库中,生成逐年月径流量曲线图,可以直观地反映河道近 3 年来每月径流量变化情况(见图 9-8)。

收集实测水文资料,将河道每年的径流量输入后台数据库中,生成多年径流量曲线图,可以直观地反映河道 2001 ~ 2018 年年径流量变化情况(见图 9-9)。

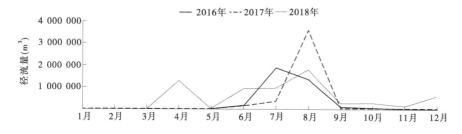

图 9-8 关川河巉口水文站月径流量

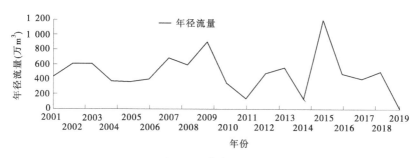

图 9-9 年径流量

9.2.2 水质模块

关川河研究河段的水质目标为Ⅳ。关川河水质基础数据资料采用定西市环保局提供的水质监测资料,每月监测 1 次,监测项目包括 pH、溶解氧、高锰酸盐指数、化学需氧量、五日生化需氧量、氨氮、总磷、总氮、铜、锌、氟化物、硒、砷、汞、镉、六价铬、铅、氰化物、挥发酚、石油类、阴离子表面活性剂、硫化物、电导率(μS/cm) 共 23 项。系统主要选取易超标的溶解氧、五日生化需氧量、氨氮、总磷、总氮 5 项监测数据,每月更新一次,对照水质监测项目的各类标准值,可直接看出各类指标分别处于几类水质,还可反映监测项目的浓度在年内的变化情况(见图 9-10) 。

9.2.3 岸线网格管理模块

岸线网格管理模块主要由河床冲淤变化、河道改变、河道弯曲程度、河岸带植被覆盖度、涉河建筑物管理、排污口管理和采砂管理 7 个子模块组成。

9.2.3.1 河床冲淤变化

河床的稳定性分析资料源于各站实测大断面成果,关川河巉口站实测大

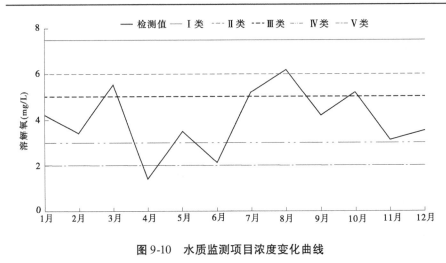

图 9-10　水质监测项目浓度变化曲线

断面资料为 1980 年、1985 年、1990 年、1995 年、2000 年 5 组数据。

　　由图 9-11 分析,巉口站河床变化不显著。巉口站 1980 ~ 2000 年河床稳定没有冲淤变化。收集巉口站实测大断面成果,周期性(每年)更新大断面图,监测河床冲刷淤积情况。

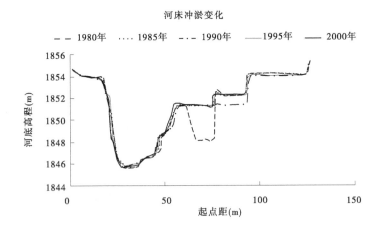

图 9-11　关川河巉口实测大断面成果对比

9.2.3.2　河道改变

　　关川河干流安定区境内原长 88.02 km(1990 年),现状长 80.06 km(2016年),裁弯取直 7.96 km。其中:鲁家沟段河道原长 56 km(1990 年),现状长55.28 km(2016 年),裁弯取直 0.72 km,占原河道长度的 1.29%,并有 0.85

km 河道渠化,占现状河长的 1.5%,该段河流形态没有发生显著改变,只有局部河道由于人类活动因素发生改道或渠化现象;巉口段河道原长 18.32 km(1990 年),现状长 17.06 km(2016 年),裁弯取直 1.26 km,占河道原长的 6.88%,渠化 3 km,占现状河道的 17.58%。其中斜河坪至十八里铺段在 2005~2016 年间出现明显的河道渠化现象,2005~2014 年有约 1.2 km 的河道挖宽及渠化,2014~2016 年有约 1.8 km 的河道挖宽及渠化,渠化河道由原来 10 余 m 拓宽至约 50 m;城区段河道原长 13.7 km(1990 年),现状长 7.72 km(2016 年),裁弯取直 5.95 km,占原河道长度的 43.65%,并全部渠化,渠化率 100%,渠化河道由原来 10~20 m 拓宽至 60~70 m。表明该河段有明显的形态改变,裁弯取直及河道渠化问题突出。根据遥感影像图的变化情况周期性提取的河道长度信息,监测河道改变情况(见图 9-12)。

图 9-12 关川河河道改变模块

9.2.3.3 河道弯曲程度

关川河干流安定区境内原长 88.02 km(1990 年),现状长 80.06 km(2016 年),裁弯取直 7.96 km。其中:关川河鲁家沟段河道原长 56 km(1990 年),现状长 55.28 km(2016 年),裁弯取直 0.72 km,为原河长的 1.29%;巉口段河道原长 18.32 km(1990 年),现状长 17.06 km(2016 年),裁弯取直 1.26 km,为

原河长的 6.88%；城区段河道原长 13.7 km(1990 年)，现状长 7.72 km(2016 年)，裁弯取直 5.95 km，为原河长的 43.65%。根据河流弯曲率公式(5-1)计算，关川河鲁家沟段河道河流弯曲率变化情况为：1999 年 1.77，2000 年 1.77，2008 年 1.76，2016 年 1.75，表现为，从 2000 年以后，受外界因素影响，河流弯曲率呈下降趋势但不明显，为弯曲型河流；巉口段河道河流弯曲率变化情况为：1999 年 1.86，2000 年 1.86，2008 年 1.85，2016 年 1.73，表现为，从 2000 年以后，受外界因素影响，河流弯曲率下降趋势较明显，为弯曲型河流；城区段河道河流弯曲率变化情况为：1999 年 1.97，2000 年 1.97，2008 年 1.59，2016 年 1.11，表现为，从 2000 年以后，受外界因素影响，河流弯曲率呈明显下降趋势，且非常明显，河流由 2000 年以前的弯曲型河流改变为现状的平直型河流，虽然对排洪有利，但不利于河流自身健康。根据遥感影像图的变化情况周期性提取的河道长度信息，监测河道弯曲程度(见图 9-13)。

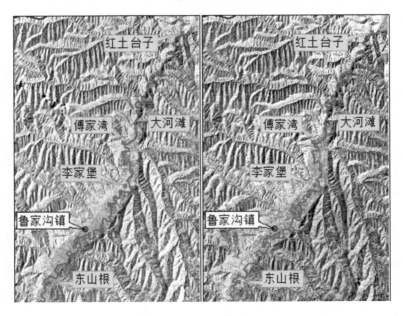

图 9-13　关川河河道弯曲模块

9.2.3.4　河岸带植被覆盖度

关川河河岸面积 581.56 hm²，目前植被覆盖面积 296.83 hm²，覆盖度 51%，其中乔木覆盖面积 0.25 hm²，覆盖度 0.04%(中度覆盖 0.03%、重度覆盖 0.01%)，灌木覆盖面积 66.79 hm^2，覆盖度 11%(植被稀疏 4%、中度覆盖 6%、重度覆盖 1%)，草本植物覆盖面积 229.79 hm^2，覆盖度 40%(植被稀疏 25%、中度覆盖 12%、重度覆盖 2%)。上游河段城区段：河岸面积 63.84 hm^2，目前植被面积 31.39 hm^2，覆盖度 49.2%，其中乔木覆盖面积 0.18 hm^2，覆盖度 0.3%(中度覆盖 0.3%)，灌木覆盖面积 6.47 hm^2，覆盖度 10%(植被稀疏 1.5%、重度覆盖 8.7%)，草本植物覆盖面积 24.74 hm^2，覆盖度 38.8%(植被稀疏 18.5%、中度覆盖 8.3%、重度覆盖 12%)。中游河段巉口段：河岸面积 114.56 hm^2，目前植被覆盖面积 58.22 hm^2，覆盖度 51%，其中乔木覆盖面积 0.07 hm^2，覆盖度 0.1%(重度覆盖 0.1%)，灌木覆盖面积 3.84 hm^2，覆盖度 3%(植被稀疏 2%、中度覆盖 1.2%、重度覆盖 0.4%)，草本植物覆盖面积 54.31 hm^2，覆盖度 47%(植被稀疏 30%、中度覆盖 16%、重度覆盖 1.3%)。下游河段鲁家沟段：河岸面积 403.16 hm^2，目前植被覆盖面积 207.22 hm^2，覆盖度 51%，其中乔木覆盖面积 0 hm^2，灌木覆盖面积 56.48 hm^2，覆盖度 14%(植被稀疏 5%、中度覆盖 8%、重度覆盖 1%)，草本植物覆盖面积 150.74 hm^2，覆盖度 37%(植被稀疏 25%、中度覆盖 12%、重度覆盖 1%)。

从植被覆盖度看，上、中、下游河段植被覆盖度基本一致，在 50% 左右，其中上游河段 49.2%，中下游均为 51%。从覆盖的植物看，草本植物覆盖面积最大，占 40%，乔木覆盖面积最小，仅为 0.04%，关川河总体植被覆盖为重度覆盖偏小(见图 9-14)。

采用 Landsat 遥感数据周期性提取归一化植被指数进行估算，依据关川河监测河段植被覆盖度遥感解译最新成果图，利用 ArcMap 平台面积统计工具，计算研究河段植被覆盖度，监测河岸植被覆盖度的变化情况。

9.2.3.5　涉河建筑物管理

目前关川河上的涉河建筑物主要为跨干流的桥梁，共 21 座，主要有凤翔镇柏林村的宝兰客专铁路桥，巉口康家庄陇海铁路桥、巉柳高速公路的巉口大桥、312 国道的巉口桥，巉郭路位于巉口南庄的源河子桥、鲁家沟将台村的将台桥、石峡湾清水的红岘桥。在定西新城区的交通网中，有民主桥、关川河桥、城南 6 路桥、政府南路桥、政府北路桥。

将已统计的涉河建筑物标注在影像图上(见图 9-15)，可以直观地反映跨河建筑物所处的地理位置。实时将增加的涉河建筑物更新在影像图上，加强对涉河建筑物的管理。

9.2.3.6　排污口管理

关川河入河排污口共 26 座，其中城区段 7 座，主要为城镇生活污水；经济

首页 » 库级网格管理 » 河岸带植被覆盖度

河岸带植被覆盖度

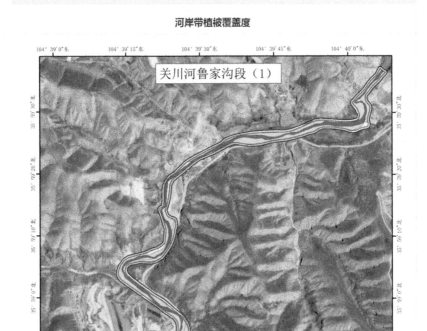

关川河鲁家沟段（1）

图 9-14 关川河河岸植被覆盖度模块

首页 » 库级网格管理 » 涉河建筑物管理

涉河建筑物管理

图 9-15 关川河涉河建筑物管理模块

开发区（大、中型企业所在地）13 座，主要为混合废污水；农村河段 6 座（4 座为小型企业、2 座为城镇生活污水），主要为城镇生活污水和工业废水。26 座排污口中，年排放量达到规模以上的 3 座，全部为城市污水处理厂混合废污水排污口。各排污口入河方式主要以明渠排、暗渠排、涵闸 3 种方式为主，其中明渠排污口 7 座,暗管排污口 16 座,涵闸排污口 3 座。26 座排污口中,间歇(无规律)排放的 21 座;连续排放的 4 座。目前由环境监测单位固定监测的排污口 1 座,为定西城区污水处理厂排污口,检测频次为季度/次。关川河排污口管理模块见图 9-16。

图 9-16　关川河排污口管理模块

9.2.3.7　采砂管理

关川河流域多年平均输沙量 679 万 t,多年平均含沙量 223 kg/m³,多年平均输沙率 215 kg/s,实测最大断面含沙量 1 060 kg/m³。关川河内砂石料储量较大,是近年来河道采砂的重点区域。安定区于 2014 年编制完成了《安定区河道采砂管理规划》,共划定禁采区 6 个(城区沿线 2 个,鲁家沟集镇区 1 个,企业周边 3 个),可采区 5 个,砂石储量 405.6 万 m³。在划定的开采区域内,目前有 8 家采砂企业,年开采量 7 万 m³。从 2017 年开始,河道采砂严格按照《定西市采砂管理办法》的有关规定,执行采砂许可制度,执行河道确权划界,河道、滩涂地可开采区、限采区和禁采区控制范围社会公示制度,并制定了采砂权招标、拍卖、挂牌等公开出让及砂坑回填、河道平整、环境恢复的办法,建立了多部门联合巡查及综合执法、黑名单、有奖举报等制度,加大了对违法违规采砂行为的依法处理。关川河采砂管理模块见图 9-17。

9.2.4　视频监控模块

视频监控模块主要包括视频监控设施布设和视频监控系统两个子模块。

9.2.4.1　视频监控设施布设

为了全面有效落实"河长制"工作,有效治理河道脏乱差,防止河流生态遭到破坏,巉口镇政府在项目实施河段 9.0 km 的范围内的重点部位安装了 5

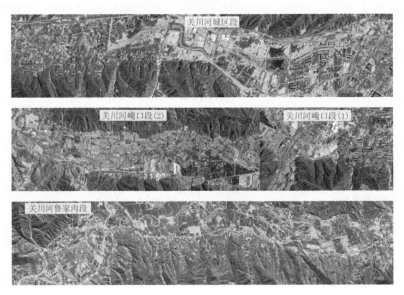

图 9-17 关川河采砂管理模块

个无线传输的高清摄像头,每个摄像头都可以变倍、变焦和旋转。视频监控设施主要布置在巉口水文站、周家庄、朱家庄和蔡家庄(见图9-18)。

9.2.4.2 视频监控系统

视频监控系统通过调取巉口镇应急协调管控中心的视频监控系统,可以在 24 h 内实时查看河道内有无垃圾倾倒、非法采砂、各类人为重大污染事件、异物漂浮现象等事件的发生。

9.2.5 数据查询模块

数据查询模块主要由研究区概况、水文水资源、水质、物理结构、社会服务功能和水生生物 6 个子模块组成(见图 9-19)。

9.2.6 后台管理模块

后台管理模块主要针对系统管理员实现以下操作而设计:

(1)数据录入。对各种类型的数据及整编数据成果提供录入、系统查错、提交审核、数据核查、通过审核后的数据入库等功能。

图 9-18 视频监控设施布设模块

图 9-19 数据查询模块图

（2）数据修改。对数据库数据提供增加、删除、修改等维护功能,数据通过审核进入数据库。

（3）权限管理。以充分保证业务数据的安全,通过权限管理实现系统关键数据管理控制。

第 10 章　关川河河道管理现状及河道网格划分管理分析

在对关川河水文水资源、物理形态、水生物、水环境及社会服务功能现状分析的基础上,分析关川河管理保护体制机制、管理主体、监管主体、日常巡查、占用水域岸线补偿、生态保护补偿、水政执法等制度建设和落实情况,分析河道管理方面存在的问题,提出关川河管理保护的重点任务和措施。

10.1　关川河沿岸城镇规划情况

关川河东河、西河交汇口以上流域面积 1 425 km²,两河在定西城区汇合后沿西北方向流过巉口后,转为东北经鲁家沟进入会宁县境,在郭城镇入祖厉河。关川河在安定区内支流较少,另外一条主要支流称钩河,位于巉口西部,由西向东流经称钩,在巉口镇汇入关川河。利用 GIS 技术平台对关川河(干流)2018 年 Landsat TM 的遥感影像进行分析。依据甘肃省人民政府关于对《定西市城市总体规划(2016~2030)》的批复(甘政函〔2017〕102 号),规划定西市城市规划区包括安定区下辖的城区街道以及凤翔镇镇域范围和巉口镇、内官营镇、香泉镇、团结镇、李家堡镇的部分区域,总面积约 900 km²。规划中心城区范围东至东山跟,西抵山麓、花河子以东,南至李家堡镇花川村刘家庄,北至巉口镇赵家铺村张家庄,总面积约 64 km²。定西市城市建设实际现状,城区含安定区下辖的中华路、永定路、福台路 3 个城区街道以及凤翔镇部分镇域,范围东至东山跟,西抵山麓、花河子以东,南至石家坪村,北至连霍高速定西北出口临洮路,总面积约 25 km²,现状人口 16 万人。现状城区位于关川河流域东河、西河及关川河三河交汇口。关川河沿岸镇区主要有巉口镇和鲁家沟镇 2 个镇区。

10.2　开发管理保护现状

从水资源、水域岸线、水环境、水生态等方面概述河流管理保护体制机制、管理主体、监管主体,日常巡查、占用水域岸线补偿、生态保护补偿、水政执法等制度建设和落实情况。

10.2.1 水资源开发利用现状

关川河安定区段建立有比较完善的水资源管理制度,目前无工业、农业、生活用水的取水设施,无高耗水项目。

(1)水资源管理制度落实情况。关川河安定区段建立有比较完善的水资源管理制度,2016年编制完成了《最严格水资源管理"三条红线"》《用水总量控制》《水功能区限制纳污控制指标》《用水效率控制指标》等实施方案,严格落实"用水总量控制、用水效率控制、水功能区限制纳污和水资源管理责任与考核"四项制度。目前,"水资源开发利用、用水效率和水功能区限制纳污"三条红线控制,水资源管理政策体系基本健全。

(2)水文站点设置现状。关川河及其主要支流东河、西河上共布设有东河、西河、巉口、大羊营4座水文站。其中:东河水文站是关川河主要支流东河的控制站,该站于1984年7月设立,位置在定西城区永定桥至解放桥之间,站址以上控制集水面积791 km²,干流长48.8 km,河道纵坡4.05‰,主要测验项目有水位、流量、泥沙等,有1985年1月至今的水文观测资料。西河水文站为关川河主要支流西河的控制站,该站于1999年1月设立,位置在定西城区西河上,站址以上控制集水面积634 km²,干流长67.5 km,河道纵坡4.5‰,主要测验项目有水位、流量、泥沙等,有2000年1月至今的水文观测资料。大羊营水文站是祖厉河流域最大支流关川河的控制站,地理位置为东经104°52′,北纬36°13′,集水面积3 476 km²,距河口8 km,属二类精度站,具有区域代表性,主要测验项目有水位、流量、泥沙等,有2000年1月至今的观测资料。巉口水文站于2000年撤站。

(3)水资源现状。关川河流域受地理位置、地形地貌、气流运动及大气系统等因素的影响,降水量年际内变化大,年降水量存在丰枯水周期交替发生的规律,连续丰水年偏丰程度和连续枯水程度都比较严重。关川河多年平均年径流量1 200万m³,由于是季节性河流,年径流主要由降雨补给,径流年内变化与降雨相应,分配极不均匀。从年际变化趋势看,年径流量呈上下波动、逐年降低趋势,从1 730万m³减少为570万m³,从成因来看,流域内退耕还林草、水保治理等使断面流量减小。

(4)水资源利用现状。从2015年开始,原关川河东河、中河灌区灌溉水源调整为引洮水资源,流域内城市及工业用水全部为引洮外调水资源,关川河无灌溉、工业、城镇耗水量。通过分项估算的还原计算方法,关川河天然河川径流量为实测径流量 2 015.99 万 m³,水资源开发利用率为 0。按照"国际公认水资源利用率极限 40%(或合理上限 30%)"为河流水资源开发利用极限值估算,关川河水资源可利用量为 806 万 m³ 左右。

10.2.2　水域岸线管理保护现状

关川河干流安定区段在城市、乡(镇)居民聚居地等上下游左右岸都建有部分防洪堤防,其余河段为天然河道。水域岸线保护与利用规划安定区正在筹划启动阶段,保护、利用的区段、分级、范围等还没有划定。

表 10-1　关川河跨河设施统计

序号	名称	类别	所处行政位置	(是否)跨河
1	气象桥	公路桥	新城区	是
2	民主路桥	公路桥	新城区	是
3	敬东路桥	公路桥	新城区	是
4	城南六路桥	公路桥	新城区	是
5	政府南路桥	公路桥	新城区	是
6	政府北路桥	公路桥	新城区	是
7	新城大道大碱沟桥	公路桥	新城区	是
8	定西路大碱沟桥	公路桥	新城区	是
9	风安路大碱沟桥	公路桥	新城区	是
10	新城大道桥	公路桥	新城区	是
11	新城大道南端响河沟桥	公路桥	新城区	是
12	东一路响河沟桥	公路桥	新城区	是
13	新城大道北段关川河桥	公路桥	新城区	是
14	城北一路关川河桥	公路桥	新城区	是
15	南八路关川河桥	公路桥	新城区	是
16	巉口公路大桥	桥梁	巉口镇街道	是
17	巉口高速大桥	桥梁	巉口镇街道	是
18	曹家河湾桥	桥梁	巉口镇赵家铺	是
19	将台桥	桥梁	巉口镇将台村	是
20	宝兰客专	铁路梁	巉口镇柏林村	是
21	巉口铁桥	铁路梁	巉口镇街道	是

（1）涉河建筑物现状。2017 年,定西市水务局依据《甘肃省河道管理条例》印发了《关于下放河道管理范围内建设项目审批权限的通知》,要求关川河河道管理范围内跨河桥梁等涉河建筑审批工作归安定区水务局管理。目前关川河上的涉河建筑物主要为跨干流的桥梁共 21 座,主要有凤翔镇柏林村的宝兰客专铁路桥、巉口康家庄陇海铁路桥、巉柳高速公路的巉口大桥、312 国道的巉口桥,巉郭路位于巉口南庄的源河子桥、鲁家沟将台村的将台桥、石峡湾清水的红岘桥。在定西新城区的交通网中,有民主桥、关川河桥、城南 6 路桥、政府南路桥、政府北路桥。

已建的农村安全饮水工程输水管道在关川河的王家窝窝、安家庄、罗圈庄、苏家庄、蔡家庄、康家庄、源河子、曹家河、张家庄、将台、鲁家沟、原平、太村李家堡等 13 处河段跨河。甘肃省电信传输局定西传输分局所管属的西兰乌一级光缆在巉口镇的兴旺桥、三十里铺等三处架空跨河,兰成一级光缆在凤祥镇柏林村大减沟处架空跨河。输定广电光缆在巉口村四社等处跨河。甘肃省缆信网络有限公司所属的缆信一干光缆在巉口康家庄跨河。甘肃省移动公司定西分公司所管属的定西—兰州光缆在巉口康家庄、巉口三十里铺等处跨河。输电供电线路工程的 750 平兰线、330 平兰线、111 安民线、125 安林线、113 安电一线、122 安川线、115 巉林线、112 巉扶线、111 梁巉线、112 鲁白线、113 鲁石线、114 鲁河线在关川河多处河段跨河。

（2）防洪工程措施现状。近年来通过实施以工代赈、中小河流治理等项目,近年来在关川河先后实施了东河渠首至王家窝窝段、安家庄段、城北二路至城南八路段、朱家庄至巉口段、罗圈段堤防工程,共治理河长 11.57 km,全部为混凝土堤防,占规划治理河长 68.86 km 的 16.8%,占现状河长 80.06 km 的 14.45%。新建堤防 26.083 km,占规划新建堤防 137.72 km 的 18.9%。其中 50 年一遇标准河道长度 8.962 km,占已治理河长的 77.46%,10 年一遇标准河道长度 2.6 km,占已治理河长的 22.54%。通过防洪工程实施,关川河已治理段设防标准显著提高,行洪能力明显增强。

（3）河道内阻水建筑物现状。关川河安定区境内,共有阻水建筑物 5 座,全部无鱼道,对部分鱼类迁移有阻隔。其中:溢流坝 1 座(东河渠渠首溢流坝),位于关川河干流(东河、西河汇合口)河道中心桩 0+000 下游 0+575 处,坝高 1.0 m,对河流阻水作用较小。人工翻板坝 4 座,分别位于关川河干流(东河、西河汇合口)河道中心桩 0+000 下游 1+145、1+840、2+495、3+195 处,坝高 2.4 m,在运行期间,由于关川河含沙量较大,翻板坝淤泥较严重,严重影响翻板坝的正常运行,并且形成阻水,近年来由于淤积四座翻板闸坝全部开启运行。

（4）河岸带现状。关川河干流安定区境内原长 88.02 km（1990 年），现状长 80.06 km（2016 年），裁弯取直 7.96 km。其中城区段河道原长 13.7 km（1990 年），现状 7.72 km（2016 年），裁弯取直 5.95 km，占原河道长度的 43.65%，并全部渠化，渠化率 100%。从 2000 年以后，城区段河流弯曲率呈明显下降趋势，由 2000 年以前的弯曲型河流改变为现状的平直型河流。关川河河岸以河谷河岸、滩地河岸和堤防河岸为主。目前城区段全部为堤防河岸，其余凹岸几乎全部为河谷河岸，凸岸几乎全部为滩地河岸。从基质看，关川河以土质河岸为主，属于典型的山区河流特征。受河岸基质特征影响，关川河 65% 的河岸都受到不同程度的冲刷和侵蚀，特别是河道凹岸受冲刷和侵蚀严重，河岸倾角大、斜坡长，河岸稳定受到一定影响，容易发生坍塌。

关川河防洪工程建设情况见表 10-2，关川河规划禁采区和可采区统计见表 10-3 和表 10-4。

表 10-2　关川河防洪工程建设情况

规划项目名称	建设性质	建设内容（km）			河道变化情况（km）			建设现状标准	建设标准	备注
		治理河长	左岸堤防	右岸堤防	建设前	建设后	裁弯取直			
东河渠首至王家窝窝段堤防工程	新建	3.21	3.272	3.169	6.31	3.21	3.1	未设防	50 年一遇	混凝土堤防
安家庄段堤防工程	新建	1.862	1.796	1.868	3.6	1.862	1.738	未设防	50 年一遇	混凝土堤防
城北二路至城南八路段堤防工程	新建	2.927	2.944	2.896	9.023	2.927	6.096	未设防	50 年一遇	混凝土堤防
南八路至南三路段堤防工程	新建	0.923	2.43	2.43	4.62	0.923	3.697	未设防	50 年一遇	混凝土堤防
朱家庄至巉口段堤防工程	新建	1.79	1.81	1.751	2.534	1.79	0.744	未设防	10 年一遇	混凝土堤防
罗圈段堤防工程	新建	0.858	0.894	0.823	1.353	0.858	0.495	未设防	10 年一遇	混凝土堤防
合计		11.57	13.146	12.937	27.44	11.57	15.87			

表 10-3　关川河规划禁采区统计

禁采区名称	行政位置	保护项目	禁采区间		控制指标	
			上游	下游	上游保护范围	下游保护范围
定西城市	凤祥镇	城市	气象桥	政府北路桥	500 m	500 m
定西城市	凤祥镇	城市经济带	政府北路桥	巉口镇赵家铺张家庄	500 m	500 m
鲁家沟集镇区	鲁家沟镇南川村	集镇	鲁家沟小学	南川村七社	500 m	500 m
祥林建材厂	鲁家沟镇南川村	企业	南川村三社	南川村三社	500 m	500 m
民和肉羊养殖基地	鲁家沟镇南川村	企业	南川村六社	南川村六社	500 m	500 m
赵大宏铁粉厂	鲁家沟镇南川村	企业	南川村六社	南川村六社	500 m	500 m

表 10-4　关川河规划可采区统计

可采区名称	行政位置	可采区间		砂石储量（万 m³）	年控制指标			
		上游	下游		可采长度（m）	可采宽度（m）	可采深度（m）	可采量（万 m³）
赵家铺采区	巉口镇赵家铺村	赵家铺	将台村	25.35	1 000	60	6.5	2.54
将台采区	鲁家沟镇将台村	将台村	南川村	50.7	2 000	60	6.5	5.07
南川采区	鲁家沟镇南川村	南川村	小岔口	152.1	6 000	60	6.5	15.21
小岔口采区	鲁家沟镇小岔口村	小岔口	太平村	101.4	4 000	60	6.5	10.14
太平采区	鲁家沟镇太平村	太平村	石峡口	76.05	3 000	60	6.5	7.61

　　(5)河道采砂管理现状。关川河流域多年平均输沙量 679 万 t,多年平均含沙量 223 kg/m³,多年平均输沙率 215 kg/s,实测最大断面含沙量 1 060 kg/m³。关川河内砂石料储量较大,是近年来河道采砂的重点区域。安定区于 2014 年编制完成了《安定区河道采砂管理规划》,共划定禁采区 6 个(城区沿线 2 个,鲁家沟集镇区 1 个,企业周边 3 个),可采区 5 个,砂石储量 405.6 万 m³。在划定的开采区域内,目前有 33 家采砂企业,年开采量 120 万 m³。从 2017 年开始,河道采砂严格按照《定西市采砂管理办法》的有关规定,执行采砂许可制度,执行河道确权划界,河道、滩涂地可开采区、限采区和禁采区控制范围社会公示制度,并制定了采砂权招标、拍卖、挂牌等公开出让及砂坑回填、河道平整、环境恢复的办法,建立了多部门联合巡查及综合执法、黑名单、有奖

举报等制度,加大了对违法违规采砂行为的依法处理。

10.2.3　河流污染源现状

流域内关川河水体污染源主要包括工业、农业种植、畜禽养殖、居民聚集区污水、生活垃圾等。2016 年关川河废水排放总量 790 万 t,其中:工业源 31 万 t,城镇生活源 759 万 t。污染物排放总量中,化学需氧量 3 146 t(工业源957 t,城镇生活源 2 140 t,农业源 49 t),氨氮 352 t(工业源 4 t,城镇生活源345 t,农业源 3 t),总氮 386 t(工业源 32 t,城镇生活源 354 t),总磷 13 t(工业源 0.3 t,城镇生活源 12.4 t,农业源 0.3 t)。其他石油类、挥发酚、氰化物、废水砷、废水铅、废水镉、废水汞、废水总铬、废水六价铬排放总量小,主要为工业源。

(1)城镇生活源防治现状。目前居民聚集区污水处理设施共 1 座,为定西市城区污水厂、内官污水处理厂、赵家铺污水处理厂。其中:城区污水处理厂处理能力 3×10^4 m³/d,接纳污水全部为生活污水,服务范围主要为老城区和新城区,污水厂尾水最终排放水体是关川河,主要用于关川河一般景观用水。出水水质标准为“一级 B”标准。目前老城区正在实施雨污分流改造,远期实现雨污分流制排水体制,新区建设全部采用雨污分流制;赵家铺污水处理厂位于巉口工业区,厂址位于定西市新市区规划城区关川河下游赵家铺,关川河东岸,处理规模 1×10^4 m³/d,主要收集处理定西市循环经济园区、巉口工业园区、高载能工业园区区域内的全部生活污水和部分工业废水。污水厂尾水最终排放水体是关川河,出水水质标准为“一级 B”标准。

(2)农业源防治现状。安定区总耕地面积 179 万亩,农业种植以粮食作物和经济作物为主,其中小麦、豌豆、扁豆、蚕豆、旱稻等夏粮作物 16.5 万亩,马铃薯、玉米等秋粮作物 146 万亩;蔬菜、中药材、油料等经济作物 16 万亩,土地利用方式主要以旱地为主,种植模式大部分为一年一熟。近年来,安定区积极转变农业发展方式,把节肥节药技术推广和农业废弃物回收利用作为重点,组装配套高效农业技术、防止农业面源污染。进一步完善了科学施肥管理和技术体系,合理利用有机肥资源,加快转变施肥方式,推广水肥一体化技术,改变传统施肥方式。推进废旧农膜回收利用工作,目前回收利用率达 79%。开展尾菜处理利用专项治理活动,目前处理利用率为 38.4%。同时,对畜禽养殖禁养区进行了划定,制订了实施禁养区畜禽养殖场关闭或搬迁计划,推动畜禽规模养殖废弃物资源化利用。对现有的规模化畜禽养殖场(小区)配套建设粪便污水储存、处理、利用设施,散养密集区实行畜禽粪便污水分户收集、集中处理利用。

（3）工业源防治现状。全面排查了装备水平低、环保设施差的小型工业企业，对不符合产业政策的工业企业进行了取缔。于 2016 年底前，全部取缔了不符合国家最新产业政策及行业准入条件的造纸、染料、淀粉、制药等严重污染水环境的生产项目。制订了造纸、氮肥、有色金属、印染、农副食品加工、制药、淀粉加工、制革等重点行业专项治理方案。在经济开发区、工业园区等工业集聚区执行环境影响评价制度，要求各类工业集聚区同步规划、建设污水、垃圾集中处置等污染治理设施。

（4）入河排污口现状。关川河入河排污口共 26 座，其中城区段 7 座，主要为城镇生活污水；经济开发区（大、中型企业所在地）13 座，主要为混合废污水；农村河段 6 座（4 座为小型企业、2 座为城镇生活污水），主要为城镇生活污水和工业废水。26 座排污口中，年排放量达到规模以上的 3 座，全部为城市污水处理厂混合废污水排污口。各排污口入河方式主要以明渠排、暗渠排、涵闸三种方式为主，其中明渠排污口 7 座，暗管排污口 16 座，涵闸排污口 3 座。26 座排污口中，间歇（无规律）排放的 21 座；连续排放的 4 座。目前由环境监测单位固定监测的排污口 1 座，为定西城区污水处理厂排污口，检测频次为季度/次。关川河入河排污口基本情况如表 10-5 所示。

表 10-5 关川河入河排污口基本情况

序号	排污口名称	排污口类型	规模	设置时间（年-月）	入河排污口所在位置	污水方式	排放方式
1	定西市水投公司排水分公司	企业（工厂）	以下	2012-12	解放桥上游左岸	明渠	间歇（无规律）
2	定西市城区污水厂	市政生活	以上	2013-09	安定区东河村	涵闸	有组织连续排放
3	海旺门窗厂附近	混合废污水	以下	2014-04	凤翔镇柏林村	暗管	间歇（无规律）
4	众金包装厂对面右岸	混合废污水	以下	2014-05	凤翔镇柏林村	暗管	间歇（无规律）
5	万原塑业附近右岸	混合废污水	以下	2014-06	凤翔镇柏林村	暗管	间歇（无规律）
6	亿联商贸附近右岸	混合废污水	以下	2014-06	凤翔镇十八里铺村	暗管	间歇（无规律）
7	广厦小区租赁站后右岸	混合废污水	以下	2014-06	中华路街道办事处	暗管	间歇（无规律）
8	内官营镇暖泉桥右岸	市政生活	以下	2015-01	内官营镇锦屏村	明渠	连续
9	定西市水投公司后	混合废污水	以下	2015-04	凤翔镇柏林村	暗管	间歇（无规律）
10	富民燃气附近	混合废污水	以下	2015-04	凤翔镇柏林村	暗管	间歇（无规律）
11	史丹利化肥厂附近	混合废污水	以下	2015-04	凤翔镇柏林村	暗管	间歇（无规律）

续表 10-5

序号	排污口名称	排污口类型	规模	设置时间（年-月）	入河排污口所在位置	污水方式	排放方式
12	薯都大道桥下下游右岸	混合废污水	以下	2015-05	凤翔镇十八里铺村	暗管	间歇（无规律）
13	柏林村安置点附近	混合废污水	以下	2015-06	凤翔镇柏林村	暗管	间歇（无规律）
14	香泉镇高家庄右岸	企业（工厂）	以下	2015-07	香泉镇高家庄	明渠	间歇（无规律）
15	玄和玻璃厂附近	混合废污水	以下	2015-08	凤翔镇柏林村	暗管	间歇（无规律）
16	粉条厂附近	混合废污水	以下	2015-08	凤翔镇十八里铺村	暗管	间歇（无规律）
17	林业管理站后	混合废污水	以下	2015-09	凤翔镇柏林村	暗管	间歇（无规律）
18	城南八路桥左右岸	混合废污水	以下	2015-10	凤翔镇柏林村	暗管	间歇（无规律）
19	内官营镇污水处理厂	企业（工厂）	以上	2016-02	内官营镇先锋村	明渠	间歇（5 天）
20	薯峰淀粉厂	企业（工厂）	以下	2016-05	巉口镇巉口村	暗管	间歇（无规律）
21	定西市师专对面高架桥下面左岸	市政生活	以下	2016-06	凤翔镇西川园区	明渠	间歇（无规律）
22	定西市赵家铺污水厂	混合废污水	以上	2016-12	安定区巉口镇赵家铺村	涵闸	有组织连续排放
23	甘肃鼎盛农业科技有限公司	企业（工厂）	以下	2017-04	巉口镇巉口村	暗管	间歇（无规律）
24	恒正大桥上游左岸	市政生活	以下	2017-08	凤翔镇南川	明渠	间歇（无规律）
25	金林土木有限公司	企业（工厂）	以下	2017-09	凤翔镇南川	涵闸	连续
26	定西市戒毒所左岸	市政生活	以下		凤翔镇贾家庄	明渠	间歇（无规律）

10.2.4　水环境现状

对城区段、乡镇段的河道、水坑等黑臭水体结合河堤建设、河道疏浚、农村环境整治等进行了初步治理。

（1）水质监测断面布设现状。由环保部门在内官镇先锋村、鲁家沟镇南川村布设关川河入境和出境水质固定监测断面。在水质分析中，采用入境断面（内官镇先锋村）、出境断面（鲁家沟镇南川村）2013～2017 年共 5 年的水质监测资料。其中 2013～2015 年的观测时间为每季度监测 1 次，2016～2017 年为每月监测 1 次。监测项目包括 pH、溶解氧、高锰酸盐指数、化学需氧量、五日生化需氧量、氨氮、总磷、总氮、铜、锌、氟化物、硒、砷、汞、镉、六价铬、铅、氰化物、挥发酚、石油类、阴离子表面活性剂、硫化物、电导率(μS/cm)共 23 项。

（2）水质现状。近年来入境断面的水质监测项目除氨氮外，溶解氧、高锰酸钾指数、化学需氧量、五日生化需氧量 4 项水质项目均趋于向好，且在枯水期五项指标值均优于丰水期，表明在近年的农业污染防治措施下，入境水质有明显改善。出境断面 5 项水质状况变化趋势无明显规律。原因是关川河入境断面上游为农业灌溉区，河道污染情况主要受灌溉及地表径流影响。至出口断面时，河流流经农业用地、工业用地、城镇居民用地，径流污染物可能包括有机污染物、重金属等，随机性较强。从水质单项指标看，上游水质明显优于下游水质。根据断面水质分析，关川河 2 个水质断面在非汛期、汛期全部为劣 V 类，代表河长 80.6 km，占 100%。总氮、氨氮、五日生化需氧量、总磷、硫化物、化学需氧量、石油类、阴离子表面活性 8 项为关川河主要超标水质项目。超标频率总氮、氨氮为 100%，五日生化需氧量、总磷、硫化物、化学需氧量、石油类、阴离子表面活性 6 项为 50%。

（3）水功能区水质达标现状。关川河干流安定区段共划分 2 个水功能区，总河长 80.6 km。其中关川河河源至巉口段 25.32 km，水质目标为Ⅵ，巉口段至鲁家沟出口段 55.28 km，水质目标为Ⅵ。通过对干流水功能区进行达标评价，关川河干流安定区段水功能区达标比例、水功能一级区(不包括开发利用区)达标比例、水功能二级区达标比例、各分类水功能区达标比例全部为 0。根据各单项水质项目水功能区超标频率的高低排序，排序前三位的总氮、化学需氧量、氨氮 3 项单项水质项目为关川河安定区段水功能区的主要超标项目。

10.2.5　水生态现状

　　流域内退耕还林还草、坡改梯建设工作有序推进，引洮水资源修复与补偿关川河生态水系规划正在编制。流域内每年都在有计划地开展水土流失治理，退耕还林还草的建设。

（1）生态流量现状。关川河 4~6 月径流量占全年的 18.4%，6~9 月占 63%，5~10 月占 74%，枯水期 11 月至次年 4 月水量很少，基本断流。枯水期径流变差倾向率呈上下波动状态，但总体的趋势为降低。从 1983 年的 49% 至 1998 年、1999 年、2000 年连续三年为 0，即枯水期径流量为 0，处于断流状态。从 2001 年开始呈增加趋势，但从 2013 年开始又连年处于断流状态。

（2）关川河水系现状。关川河水系由河流(包括河、沟、渠)、湖泊和水库

(含人造)构成,主要骨架包括三河(关川河、东河、西河),一渠(引洮供水一期总干二支渠)、一湖(定西湖)、五沟(大碱沟、小碱沟、苦水沟、团结沟、安家坡沟)。关川河干流较粗壮,各支沟、支流短小且不对称分布于两侧,符合树枝状水系格局,系典型的树枝状水系河流。按水系功能划分,关川河、东河、西河为主要排洪河道,并兼有景观功能。依据水利部《河道等级划分办法》,关川河、西河、东河均为四级河道。目前定西城区以关川河为主的城市水系构成为"一湖、一渠、三河、三库"。其中"一湖"为已建成人工湖;"一渠"指引洮二干渠;"三河"指关川河、东河、西河;"三库"指七一水库、青年水库、许家岔水库。现状水系规划面积51.7万 m^2。其中:引洮二干渠水面积7 950 m^2,占总面积的12%。人工湖水面积18.009万 m^2,占总面积的35%。"三河"水面积26.45万 m^2,占总面积的51%。"三库"水面积6.45万 m^2,占总面积的12%。由于关川河为季节性河流,枯水期水量很小,东河、西河基本断流,七一、青年、团结等水库无来水量。目前,现状水系在丰水期水面积实际为19.97万 m^2,较规划少31.734万 m^2,在枯水期实际水面积18.38万 m^2,较丰水期再减少1.59万 m^2。

现状(2018年)水系及水面面积(丰水期)见表10-6。

表10-6　现状(2018年)水系及水面面积(丰水期)　　(单位: m^2)

类型	渠道	湖	河道				总计
水面面积	二干渠	定西湖	关川河	东河	西河	小计	199 700
	3 710	180 090	6 600	3 200	6 100	15 900	

通过水系连通性分析评价,目前关川河流域资源调配连通性中,水资源开发利用率41.8%,本地水资源供需比为1。灾害防御型连通性分析中,特大洪水来水量与蓄水能力比值较大,区域抵御洪水的能力弱。结构连通性分析中,河沟道纵向连通性系数2.31,横向连通系数0.08,纵横向连通性评价为劣。形态连通性分析中,水系的网络连接、连线数量、节点间的连接性都比较差。

(3)水土流失治理现状。流域内水土流失面积2 755 km^2,年土壤侵蚀总数量1 133万t,平均侵蚀模数5 640 t/ km^2。水土分级轻度、中度、强度、极度剧烈均有,其中剧烈侵蚀面积159 km^2,占水土流失面积的5.7%,极度侵蚀面积614 km^2,占水土流失面积的21.9%,强度侵蚀面积695 km^2,占水土流失面积的24.8%,中度侵蚀面积737 km^2,占水土流失面积的27.2%,轻度侵蚀面积 548 km²,占水土流失面积的 20.4%。目前兴修梯田 187 万亩,造林保存面积 141.5 万亩,种草留床面积 57 万亩,水土流失治理程度达到 77.7%,林草覆盖率达到 36.3%。

10.3　存在的问题分析

10.3.1　水资源保护问题

关川河安定区段建立有比较完善的水资源管理制度,并确立了水资源开发利用控制、用水效率控制、水功能区限制纳污"三条红线",但在监督执行过程中,存在地表水量减少、入河排污监控站网不完善、限制排污总量未落实、水资源利用率低等问题。

(1)径流年际分配极不均衡。关川河为季节性河流,年径流主要由降雨补给。近年来,由于流域内退耕还林草、水保治理等措施,年径流量从 20 世纪 80 年代的 1 730 万 m³ 减少为目前的 570 万 m³,水资源总量减少近 7 成。因流量减小,河道的径流输送、营养输送等功能无法发挥,水体的自净能力、气候调节、维持生物多样性等生态效应不能很好发挥。

(2)水资源利用率低。安定区境内关川河多年平均水资源总量 2 015.99 万 m³,按照"国际公认水资源利用率极限 40%(或合理上限 30%)"的极限值,关川河水资源可利用量为 806 万 m³ 左右。因天然苦咸水、水质等原因,流域内城市及工业用水全部为外调引洮水资源,且随着原东河、中河灌区的灌溉水源替换,目前关川河水资源开发利用率为 0,社会服务功能发挥有限。

(3)水量水质监测体系不完善。关川河流域内农业区、城市区、工业区等社会发展体系复杂,并涉及多个村镇。现状仅在其主要支流东河、西河及出境大杨营由省级水文部门布设了水文站点。在内官先锋村和鲁家沟南川村布设有固定水质监测断面。重要的行政交界断面、支流交汇断面、重要河道工程断面尚未形成监测网,动态监测能力不强,市、县级的生态流量和水质监控机制尚未形成,造成水量、水质资料严重缺乏、不完善,不能及时掌握水量及水质动态变化,造成区域河段入河排污口、污染物入河监控、监督难度大。目前,水质水量监测体系不完善已成为影响河流水资源管理的重要短板。

10.3.2　水域岸线管理保护问题

关川河干流安定区段在城市、乡(镇)居民聚居地等上下游左右岸都建有部分防洪堤防,其余河段为天然河道。主要存在河湖管理保护范围未划定、管理保护范围不明确;河湖生态空间未划定、管控制度未建立;河湖水域岸线保护利用规划未编制、功能分区不明确;部分河段存在围垦种植、乱挖乱占乱建、违规疏浚、侵占河道现象。

(1)岸线功能区划体系不完善。关川河水域岸线利用管理保护规划安定区正在筹划启动阶段、临河控制和外缘控制等岸线控制线未划定。保护区、保留区、控制利用区及利用区等岸线功能区亦未划定。岸线、河岸带的管理目标和开发利用条件尚不明确,存在随意性,不满足岸线资源合理开发和有效保护的需求。由于河道岸线利用管理没有统一规划,岸线资源利用缺乏科学依据,不合理的岸线利用项目,给河道行洪安全、河流水环境和生态保护带来不利影响,甚至给部分河段的防洪安全带来威胁。由于缺乏统一的岸线利用管理规划的指导和相关的管理制度、政策,河湖岸线界定没有统一规范的标准,岸线界限范围尚不明确,涉河项目开发建设利用的区域是否侵占岸线的性质难以确定,管理和审批依据不足,给岸线资源的科学合理利用和管理造成困难。虽然近年来在河道管理方面加强了岸线利用的依法管理,由于缺乏统一规划和技术论证,难以从根本上有效规范和调节岸线利用行为,不利于岸线资源的节约使用和合理开发。

(2)岸线资源开发配置不合理。近年来,涉水建筑物逐渐增多,河道岸线开发利用程度提高,无序开发和随意侵占河道水域、滩地的现象日益增多。部分河段为局部利益占用河滩,与水争地,随意围垦。目前实行的对单项工程进行防洪及河势影响评价难以评估多个项目开发利用群体效应带来的影响,导致一些河段出现岸线过度开发现象,跨河桥梁、排水口、过河电缆等呈犬牙交错布置。部分河段由于涉河项目过多和过于集中,密集建设项目的群体累积效应已经显现,严重影响河道安全行洪和河势稳定。部分涉河项目对岸线的开发只重视短期经济效益,忽视防洪和生态环境安全,影响了河势和岸线稳定,给防洪安全带来不利影响。同时,对部分农路桥梁的审批监管有缺位,存在安全隐患。

(3)天然河岸带不稳定。关川河河岸以河谷河岸、滩地河岸和堤防河岸为主。目前城区段全部为堤防河岸,其余河段的凹岸几乎全部为河谷河岸,凸岸几乎全部为滩地河岸。从基质看,关川河以土质河岸为主,属于典型的山区河流特征。受河岸基质特征影响,关川河 65% 的河岸都受到不同程度的冲刷和侵蚀,特别是河道凹岸受冲刷和侵蚀严重,河岸倾角大、斜坡长,河岸稳定受到一定影响。从河岸带的覆盖情况看,草本植物覆盖面积最大,乔木覆盖面积最小,呈重度覆盖偏小。由于河岸带基质类别主要为土质,岸坡坡脚抗冲刷能力有限,容易发生坍塌。同时,河道内城区段有翻板坝等阻水建筑物 5 座,由于含沙量较大,翻板坝淤泥较严重,严重影响翻板坝的正常运行,并且形成阻水,影响行洪,并对部分鱼类迁移有阻隔。

(4)河岸带防洪工程措施完善率低。依据相关规划,关川河规划治理河长 68.86 km,近年来共治理河长 11.57 km,占规划治理河长的 16.8%,占现状河长的 14.45%。通过防洪工程的实施,关川河已治理段行洪能力明显增强,设防标准显著提高,但治理率、治理水平较低。同时,已建防洪工程的确权划界工作滞后,后期运行管护不足,存在堤防结构残损、堤顶、堤坡表面破损杂乱问题。

(5)河道采砂管理问题仍然存在。关川河处黄土高原半干旱区,生物化学风化作用微弱,向源侵蚀主要为黄土而非岩石,加之储砂河道现均为季节性的河流,尽管现有一定的砂石储量,但其再生周期很长,而目前的过度开采打破了储用平衡,生态环境也遭到了破坏,严重影响到了经济发展的可持续性。随着基础设施建设和建筑行业的蓬勃发展,河道内采砂企业数量急剧增加,采砂范围不断扩大,无序、不规范的开采行为等各类问题逐步显现,使河道失去原貌,过洪能力受到严重影响。由于河道确权划界工作没有完成,界线不清,给河道采砂管理工作带来很大难度。因河道相对较为狭窄,单位断面及长度砂石料储备有限,一方面采砂户在经济利益的驱动下相互争夺河道;另一方面采砂已向耕地和林地蔓延,从而引发群众矛盾和上访事件,影响社会稳定。

同时,源于城市化进程,关川河城区段受到人类活动较大程度的影响,河岸植被保护、河床生境以及河流形态(主要是护岸渠化、河道裁弯取直)等方面受损突出。源于河流整治措施等差异,关川河不同河段各项表征指标间存在一定程度的差异,农田区域在护岸形式、河道改造、河岸带宽度等方面显著优于城镇区域,河道改造和河道护岸、河流形态结构与河岸带稳定状况指标则正好相反。其原因主要是城区段河道多为排水骨干河道,出于防洪排涝、水安全以及河岸稳定等需求,采取浆砌块石、水泥等硬质护岸等进行较大程度的人为干扰和改造,而村级及农田段河道多维持原有的土坡护岸、自然弯曲形态。河岸带宽度方面,村级及农田段河道优于城区段河道,其原因主要是人类活动对土地利用的挤占,河岸带多为住宅、道路、厂区等侵占。

10.3.3　水污染问题

关川河河段局部虽存在垃圾入河等影响河道水环境的现象;存在化肥、农药、尾菜、农膜、禽畜排泄物等农业面源污染;部分村镇生产生活污水未全部集中收集处理,未开展入河排污量监测等问题。

(1)存在生活污染。关川河流域城镇段多为平坦地区,居住人口相对较多,目前有污水处理厂3座,只能处理定西城区、内官、巉口镇区和部分工业园区聚集区的生活污水,鲁家沟等村镇仍有污水直排现象,对水体造成了一定的污染。近年来,随着经济社会的快速发展和农村饮水安全等水利基础设施的完善建设,城镇、农村居民生活用水量呈明显增加趋势,产生的污水量逐年增大。由于排放形式粗放,具有间歇性、量少且分散、远离排污管网、水环境容量小、处理率基本为零、管理水平低、排放量波动大的特点。由于农村人口较多,人口居住分散,农村生活污水未建设排水管道,多以就地蒸发、下渗、随雨水冲刷入河等方式处理,对水体造成一定的污染。同时,定西老城区的排水体制还有部分区域为雨污合流制,雨季时由于溢流排入关川河,还存在一定的污染,雨污分流不够彻底。

(2)存在农业面源污染。关川河流域内乡镇经济收入主要以农业为主,种植作物以马铃薯、玉米等粮食作物和蔬菜、中药材等经济作物为主,随着现代农业的发展,以往的农家肥等有机肥被农药、化肥广泛使用所替代。过度的农药与化肥的施用导致土壤板结、土质下降,肥料利用率低,土壤和肥料养分容易流失。在西河、关川河、东河等河谷川灌区,作物种植以蔬菜为主,目前尾菜处理利用率38.4%,其余大部分在沿线河沟道弃置,从而造成对地表水、地下水的污染,水体富营养化程度加剧。

(3)存在畜禽养殖污染。关川河流域的畜牧养殖主要为牛、猪、羊、鸡等,多为分散的养殖户,粪便污水以有机肥的方式施用于耕地,废弃物基本能够回田重新利用,但仍有部分畜禽养殖圈舍依河或占用河道建设,造成一定的污染物入河和水质污染。偏远乡村多采用散养的方式养殖,畜禽随意排泄,无法做到统一收集处理,对环境及水体产生一定影响。

(4)存在垃圾入河问题。居民保护生态环境、集中处理生活、生产垃圾的意识较为淡薄,对垃圾的危害性认识不到位,部分城区、农村河段固态垃圾集中处理机制不完善,存在农村生活垃圾处理力度区域差距大,固体生活垃圾的处理率不高,甚至直接倒入河道,造成河道水面污染性漂浮物,并使水质污染严重等问题。

(5)排污监测体系不完善。关川河入河排污口 26 座,由环境监测单位固定监测的排污口 1 座,频次为季度/次。目前,覆盖流域内主要行政区、水功能区和入河排污口的水文水资源和水质监控、预警体系还未建立,水环境监测网络还不完善,经常性的河道疏浚、排污监督不够。经济开发区、工业园区等工业集聚区废水污染治理设施的规划、审批,落后工艺生产装备、产品淘汰和推动污染企业退出工作需持续加强。

10.3.4　水环境问题

关川河水体处于较为严重的有机污染状态,水体富营养化较为明显,离区域水功能区划的Ⅵ类水标准仍有一定的差距。水体有机污染严重是关川河目前水环境存在的主要问题。

(1)河流整体水质较差。关川河水质在非汛期、汛期全部为劣 V 类水质断面。主要超标水质项目含总氮、氨氮、五日生化需氧量、总磷、硫化物、化学需氧量、石油类、阴离子表面活性 8 项,占监测项目的 34.8%。超标频率总氮、氨氮达 100%,五日生化需氧量、总磷、硫化物、化学需氧量、石油类、阴离子表面活性 6 项达 50%。一是需加强上游农业面污染源防治。关川河入境断面主要超标项目为氨氮、溶解氧,高锰酸钾指数、化学需氧量、五日生化需氧量 5 项,在枯水期指标值均优于丰水期。考虑关川河上游西河流域无大型工企业,造成丰水期水质差的原因是上游灌区农药化肥随地表径流汇入河道。二是需加强城区段和工业园区等工业集聚区河段的截污治污力度。从水质单项指标看,下游水质明显劣于上游。原因是中上游 26 座排污口污水排入关川河后,受河水的紊流作用,在推移、分散、衰减和转化过程中,污水逐渐与河水混合、扩散。由于关川河水浅、量小、河面窄,预计入河污水对流速低、水深浅的河段或水域污染影响较大,造成中、下游河段生活、工业污水污染。

(2)水功能区水质不达标。关川河干流安定区段共划分 2 个水功能区,其中关川河河源至巉口段 25.32 km,为农业用水区,水质目标为Ⅵ,巉口段至鲁家沟出口段 55.28 km,为保留区,水质目标为Ⅵ。通过对关川河干流安定区段干流水功能区进行达标评价,关川河干流安定区段水功能区达标比例、水功能一级区(不包括开发利用区)达标比例、水功能二级区达标比例、各分类水功能区达标比例全部为 0。根据各单项水质项目水功能区超标频率的高低排序,排序前三位的总氮、化学需氧量、氨氮 3 项单项水质项目为关川河安定区段水功能区的主要超标项目。

10.3.5　水生态问题

区域内生态用水量不足,关川河在枯水期因断流无生态流量。水系连通性整体较差,河道生态恢复工作进展缓慢。

(1)枯水期生态流量小。关川河年径流量从 20 世纪 80 年代的 1 730 万 m³ 减少为目前的 570 万 m³,水资源总量减少近 7 成。同时,丰水期径流量占全年的 74%,枯水期径流变差倾向率从 1983 年的 49% 降低至目前断流状态。因流量减小和枯水期断流,河道的径流输送、营养输送等功能无法发挥,水体的自净能力、气候调节、维持生物多样性等生态效应不能很好发挥。同时造成河道水系功能结构单一,基流调蓄、地下水转换通道、泥沙输送,生态环境、景观等兴利水源,文化承载、造景等水系功能无法发挥。

(2)存在水系未连通问题。区域内水系丰水期、枯水期水面面积相差大,且水系功能结构单一,基流调蓄、地下水转换通道、泥沙输送,生活、工业、农业、市政杂用、生态环境、景观等兴利水源,文化承载、休闲娱乐、公园观景、造景等水系功能无法发挥。同时,水系的纵横向连通性,水系的网络连接、连线数量、节点间的连接性都比较差,区域抵御洪水的能力弱。区域内可供水量全部为引洮外调水,且全部规划为居民生活及工业生产用水,生态用水非常紧缺。

(3)存在人为干扰河道生态问题。关川河干流安定区境内原长 88.02 km (1990 年),现状长 80.06 km(2016 年),裁弯取直 7.96 km。其中城区段河道原长 13.7 km(1990 年),现状 7.72 km(2016 年),裁弯取直 5.95 km,占原河道长度的 43.65%,并全部渠化,渠化率 100%,河道形态有明显改变,裁弯取直及河道渠化现象突出。从河流弯曲率变化情况看,从 2000 年以后,受人为裁弯取直影响,城区段河流弯曲率呈明显下降趋势,由 2000 年以前的弯曲型河流改变为现状的平直型河流,虽然对排洪有利,但不利于河流自身健康。同时,对河流的流态、生境等产生不利影响。关川河已治理河长 11.57 km,已建堤防工程 26.083 km,全部为混凝土堤防,导致了护岸的人工化和均一化,对生态平衡环境的调节功效较差,并将河岸表面封闭起来,阻隔了水土的连接通道,破坏了河流生态系统的整体平衡,使河道的自净能力遭到破坏,在一定程度上影响了河流的健康状况。关川河城区段有翻板坝等阻水建筑物 5 座,由于含沙量较大,翻板坝淤泥较严重,严重影响翻板坝的正常运行,并且形成阻水,影响行洪,并对部分鱼类迁移有阻隔。

(4)水土流失治理问题。存在部分生产建设项目和砖瓦建材企业生态环境保护意识缺乏,施工过程中随意倾倒弃渣、开挖破坏植被等问题;流域内还有 20 多万亩坡耕地由于分布掌数、条件差、治理难度大,还没有得到治理,有近 60 万亩人工田由于建设年代早,质量标准低,需改造提升;淤地坝工程除险加固的任务还十分繁重,日常维修养护管理相对落后,不利于工程安全运行;除中央和部分省级重大项目落实了水土保持生态补偿机制外,其他项目建设中都没有缴纳水土保持补偿费,对取土、采石、挖沙造成的水土流失因投入不足而得不到有效治理,"三同时"制度不能完全落实到位。

10.3.6　执法监管问题

区域内部门联合执法机制不健全、河道日常巡查监管不到位、河湖管理保护监管和执法力度不够;河湖管理保护执法监管机构不完善,人员少。

(1)管理制度体系建设和完善。关川河流域涉及多个乡镇,河流污染不方便管控,河流交叉管理难度大,因而对河道监督管理体制提出更高的要求。目前关川河及其支流流域现状河道管理制度缺乏,河道日常管护空白,上下游管理单位缺乏统一标准。

(2)资金短缺及社会化参与程度较低。目前,河长制刚刚推行,河道的日常维护未从河道整治、水环境保护等任务中筹集资金用于河道的日常维护,因此导致河道整治等项目的资金不够充足,围绕河流治理方面不能够做到完善。

10.4　关川河河道管理网格划分研究

基于关川河河道完整性、科学性、实用性和可操作性管理需求,在河流水文水资源、物理结构、水生物、水环境、社会服务功能及河道管理现状分析的基础上,按照河道管理网格划分的基本规定和划分方法,利用 GPS(全球定位系统)、RS(遥感技术)、GIS(地理信息系统)等"3S"技术完成关川河河道管理功能网格划分,并选择典型河道完成控制线划分。

10.4.1　河势变化情况分析

根据第 5 章分析结果,利用 1985～2016 年间 5 期遥感影像对关川河(干流)城区段(源头—丰禾沟口)、巉口段(丰禾沟口—巉口镇)、鲁家沟段(巉口镇—红土台子)三个河段的河势进行对比分析,近 30 年来关川河干流河流形态特征整体改变不大,但存在局部区域改变,且多受人类活动的影响。

(1)河道改变状况。关川河干流安定区境内原长 88.02 km(1990 年),现状长 80.06 km(2016 年),裁弯取直 7.96 km。其中:鲁家沟段河道原长 56 km (1990 年),现状长 55.28 km(2016 年),裁弯取直 0.72 km,占原河道长度的 1.29%,并有 0.85 km 河道渠化,占现状河长的 1.5%,该段河流形态没有发生显著改变,只有局部河道由于人类活动因素发生改道;巉口段河道原长 18.32 km(1990 年),现状长 17.06 km(2016 年),裁弯取直 1.26 km,占河道原长的 6.88%,渠化 3 km,占现状河道的 17.58%。其中斜河坪至十八里铺段在 2005 ~ 2016 年间出现明显的河道渠化现象,2005 ~ 2014 年有约 1.2 km 的河道挖宽及渠化,2014 ~ 2016 年有约 1.8 km 的河道挖宽及渠化,渠化河道由原来约 10 余 m 拓宽至约 50 m;城区段河道原长 13.7 km(1990 年),现状长 7.72 km(2016 年),裁弯取直 5.95 km,占原河道长度的 43.65%,并全部渠化,渠化率 100%,渠化河道由原来 10 ~ 20 m 拓宽至 60 ~ 70 m。该河段有明显的形态改变,裁弯取直及河道渠化问题突出。

(2)河道弯曲程度状况。分段对比分析关川河弯曲程度变化情况,鲁家沟段河流弯曲程度基本没有变化,无明显裁弯取直现象,只在局部人类活动频繁的河道出现裁弯取直并拓宽修筑河堤;而巉口段上游约 3 km 和下游段(斜河坪—十八里铺)约 3 km 在 2008 ~ 2015 年间出现明显河道裁弯取直现象;城区段中下游(十里铺—定西市区段)约有 6 km 河道在 2000 ~ 2008 年间出现河道裁弯取直现象和渠化现象。截至 2015 年,城区段已全部裁弯取直,并拓宽修筑河堤。目前,关川河鲁家沟段河道河流弯曲率变化情况为:1990 年 1.77, 2000 年 1.77,2008 年 1.76,2016 年 1.75,为弯曲型河流;巉口段河道河流弯曲率变化情况为:1990 年 1.86,2000 年 1.86,2008 年 1.85,2016 年 1.73,为弯曲型河流;城区段河道河流弯曲率变化情况为:1990 年 1.97,2000 年 1.97, 2008 年 1.59,2016 年 1.11,河流由 2000 年以前的弯曲型河流改变为现状的平直型河流。

(3)河床稳定性状况。河床的稳定性分析资料源于各站实测大断面成果,关川河巉口站实测大断面资料为 1980 年、1985 年、1990 年、1995 年、2000 年 5 组数据,关川河大羊营站实测大断面资料为 2015 年、2017 年 2 组数据。经分析,巉口站、大羊营站河床变化不显著。巉口站 1980 年到 2000 年 20 年河床稳定没有冲淤变化,大羊营站 2015 ~ 2017 年河床也基本稳定,在起点距 17 ~ 40 m 有轻微的淤积,淤积厚度 0.18 ~ 0.77 m。

(4)河岸带状况。将关川河划分为城区段(源头—丰禾沟口)、巉口段(丰禾沟口—巉口镇)、鲁家沟段(巉口镇—红土台子)三个河段,并选择 6 个典型断面做评估,其中城区段 1 个断面,巉口段 2 个断面,鲁家沟段 3 个断面。关川河 6 个监测断面的河岸带岸坡倾角波动变化比较大,其中有 1 个断面岸坡倾角超过 60°,有 1 个断面岸坡倾角超过 45°小于 60°,有 1 个断面岸坡倾角超过 30°小于 45°,有 2 个断面岸坡倾角超过 15°小于 30°,有 1 个断面岸坡倾角超过 0°小于 15°。6 个监测断面的斜坡高度波动变化大,平均斜坡高度 5.4 m 左右,其中超过 5 m 的斜坡断面 6 个,最高达 11.74 m,且倾角达到 56°,极不稳定。斜坡超过 3 m 小于 5 m 的断面 4 个,超过 2 m 小于 3 m 的断面 2 个。

(5)河岸带基质类别和坡脚冲刷状况。关川河河岸带主要基质类别为土质河岸,岸坡坡脚的抗冲刷能力有限,容易发生坍塌,主要表现为河岸坍塌。关川河河岸以河谷河岸、滩地河岸和堤防河岸为主。其中城区段全部为堤防河岸,长 11.57 km,从凤祥镇斜河坪以下至鲁家沟斜路川主要为河谷河岸和滩地河岸,其中凹岸几乎全部为河谷河岸,凸岸几乎全部为滩地河岸。关川河河岸以土质河岸为主,从五万地形图测量,黏土河岸长 49.33 km,岩土河岸 19.12 km,堤防河岸 11.57 km,黏土河岸的比例超过一半,属于典型的山区河流特征。受河岸基质特征影响,关川河流域 65% 的河岸都受到不同程度的冲刷和侵蚀,特别是河道凹岸受冲刷和侵蚀严重,河岸倾角大、斜坡长,河岸稳定受到一定影响。

(6)河岸带植被覆盖情况。关川河河岸面积 581.56 hm^2,目前植被覆盖面积 296.83 hm^2,覆盖度 51%,其中乔木覆盖面积 0.25 hm^2,覆盖度 0.04%(中度覆盖 0.03%、重度覆盖 0.01%),灌木覆盖面积 66.79 hm^2,覆盖度 11%(植被稀疏 4%、中度覆盖 6%、重度覆盖 1%),草本植物覆盖面积 229.79 hm^2,覆盖度 40%(植被稀疏 25%、中度覆盖 12%、重度覆盖 2%)。从植被覆盖度看,上、中、下游河段植被覆盖度基本一致,在 50% 左右,其中上游河段 49.2%,中下游均为 51%。从覆盖的植物看,草本植物覆盖面积最大,占 40%,乔木覆盖面积最小,仅为 0.04%,关川河总体植被覆盖为重度覆盖偏小。从植被覆盖度看,上、中、下游河段植被覆盖度基本一致,在 50% 左右。

10.4.2　功能网格划定研究

按照河道管理网格划分的基本规定和划分方法,将河道划分为"1 个水域带状网格和 4 类岸线功能区网格",其中功能网格 11 个(岸线保护网格 3 个,岸线保留网格 2 个,岸线控制利用网格 2 个,岸线开发利用网格 4 个)。关川河岸线功能网格划定成果见表 10-7,各岸线功能网格特征见表 10-8。

表 10-7　关川河岸线功能网格划定成果

编号	位置		河道网格划分		起点坐标及高程		
	起始	结束	网格类型	划分依据	经度	纬度	高程
1#	东西河交汇口	民主桥	保护网格	重要河流汇流	104.61	35.59	1 897
2#	民主桥	东二十里铺村	控制利用网格	城市区已开发利用河段	104.59	35.66	1 893
3#	东二十里铺村	巉口古城	开发利用网格	规划城市区或城乡结合区河段	104.54	35.69	1 862
4#	巉口古城	红崖下	保护网格	历史文物保护区	104.53	35.7	1 845
5#	红崖下	称钩河汇合口	控制利用网格	镇区已开发利用河段	104.52	35.71	1 839
6#	称钩河汇合口	巉口康家庄	保护网格	重要河流汇流	104.52	35.7	1 835
7#	巉口康家庄	赵家铺张家庄	开发利用网格	规划城市区或城乡结合区河段	104.53	35.76	1 832
8#	赵家铺张家庄	鲁家沟南川村	保留网格	河道治理和河势控制方案未确定	104.53	35.81	1 816
9#	鲁家沟南川村	鲁家沟淀水河	开发利用网格	规划采砂区	104.55	35.82	1 803
10#	鲁家沟淀水河	鲁家沟阴阳河	开发利用网格	城乡结合区河段	104.58	35.84	1 796
11#	鲁家沟阴阳河	红岘儿	保留网格	河道治理和河势控制方案未确定	104.65	35.97	1 782

表 10-8　关川河岸线功能网格特征

网格序号	河流长度（km）	岸线长度（km）		坡降（‰）	弯曲系数
		左岸	右岸		
1	0.61	0.623	0.964	6.56	1.21
2	8.922	10.442	10.363	3.45	1.23
3	11.775	10.028	11.999	1.44	1.97
4	0.81	0.858	0.619	7.41	2.13
5	3.594	3.341	3.189	1.11	1.58
6	0.657	0.762	0.665	4.57	1.00
7	8.17	8.955	8.045	1.96	1.46
8	7.496	7.137	7.635	1.73	1.45
9	4.893	3.652	2.669	1.43	2.00
10	5.863	4.453	3.619	2.39	2.94
11	27.27	25.287	24.867	3.29	1.65
总计	80.06	74.5	73.06	2.56	1.64

（1）东西河交汇口—民主桥。该河段为关川河上游东西河交汇口，交汇口以上流域面积 1 425 km²（东河发源于安定区与通渭县的交界地带华家岭，海拔 2 457 m，干流长 48.8 km，河道纵坡 4.05‰，流域集水面积 791 km²；西河发源于内官南山及胡麻岭东北麓，由西南向东北流经符川、高峰、东岳、内官、香泉、凤翔等乡（镇），干流长 67.5 km，干流平均纵坡 4.5‰，流域集水面积 634 km²），该河段 0.61 km，左岸 0.623 km，右岸 0.964 km，均为混凝土堤防（建设标准 50 年一遇）。河段坡降 6.56‰，河道弯曲系数 1.21。汇流河口对污染物输移有较强的滞留作用，是营养物、木质残骸及其他有机物聚集的地方，是溯流鱼类及当地鱼类迁徙的关键部位。因此，保护汇合河口岸线对保护流域生态系统、控制上下游河势都有极其重要的作用。关川河东西河交汇河口呈"Y"形，因上游流域面积大，水流流态险恶多变，难以预测，且定西市中心城区坐落于交汇河口。按照岸线功能网格划分依据，该河段划定为岸线保护网格。

（2）民主桥—东二十里铺村。该河段 8.922 km，左岸 10.442 km，右岸 10.363 km，均为混凝土堤防（建设标准 50 年一遇）。河段坡降 3.45‰，河道弯曲系数 1.23。该河段河道河流弯曲率 1999 年为 1.97，2008 年为 1.59，2016 年为 1.11，表现为从 2000 年以后，受岸线开发利用影响，河流弯曲率呈明显下降趋势，且非常明显，河流由 2000 年以前的弯曲型河流改变为现状的平直型河流。目前河道建设有 4 级翻板坝，开发利用程度较高，且属定西城区现状范围，按照岸线功能网格划分依据，该河段划定为岸线控制利用网格。

（3）东二十里铺村—巉口古城。该河段 11.775 km，左岸 10.028 km，右岸 11.999 km，土质自然岸坡，河段坡降 3.45‰，河道弯曲系数 1.23。对比卫星遥感影像及提取的河道信息该段河道河势、河床较稳定，从 1990 年以来，河道未发生明显变化，岸线开发利用率低。但河岸带岸坡倾角和斜坡波动变化较大，基质类别为土质河岸，岸坡坡脚的抗冲刷能力有限，易发生坍塌。依据甘肃省人民政府关于对《定西市城市总体规划（2016～2030）》的批复（甘政函〔2017〕102 号），该河段属于定西市城市规划范围，按照岸线功能网格划分依据，该河段划定为岸线开发利用网格。

（4）巉口古城—红崖下。该河段 0.81 km，左岸 0.858 km，右岸 0.619 km，右岸为土质自然岸坡，左岸为混凝土堤防（建设标准 10 年一遇），河段坡降 7.41‰，河道弯曲系数 1.97。对比卫星遥感影像及提取的河道信息该段河道河势、河床较稳定，从 1990 年以来，河道未发生明显变化，但河岸带岸坡倾角和斜坡波动变化较大，基质类别右岸为土质河岸，左岸为混凝土堤防。该河段为巉口古城保护区，为保护古城遗迹，河道左岸建设有混凝土堤防。按照岸线功能网格划分依据,该河段划定为岸线保护网格。

(5)红崖下—称钩河汇合口。该河段 3.594 km,左岸 3.341 km,右岸 1.189 km,河段坡降 1.11‰,河道弯曲系数 1.58。该河段位于巉口镇区,在小城镇发展过程中,对岸线进行了开发利用,目前建有堤防的河道 1.79 km(建设标准 10 年一遇)。按照岸线功能网格划分依据,该河段划定为岸线控制利用网格。

(6)称钩河汇合口—巉口康家庄。该河段为关川河重要支流称钩河交汇口,河段 0.657 km,左岸 0.762 km,右岸 0.665 km,河段坡降 4.57‰,河道弯曲系数 1。交汇河口呈"r"形,因上游流域面积大,水流流态险恶多变,难以预测,且巉口镇区坐落于交汇河口。该河段目前已经过河道整治,防洪工程为混凝土堤防(建设标准 10 年一遇),按照岸线功能网格划分依据,该河段划定为岸线保护网格。

(7)巉口康家庄—赵家铺张家庄。该河段 8.17 km,左岸 8.955 km,右岸 8.045 km,土质自然岸坡,河段坡降 1.96‰,河道弯曲系数 1.46。对比卫星遥感影像及提取的河道信息,该段河道河势、河床较稳定,从 1990 年以来,河道未发生明显变化,岸线开发利用率低。但河岸带岸坡倾角和斜坡波动变化较大,基质类别为土质河岸,岸坡坡脚的抗冲刷能力有限,易发生坍塌。依据甘肃省人民政府关于对《定西市城市总体规划(2016~2030)》的批复(甘政函 [2017]102 号),该河段属于定西市城市规划范围,按照岸线功能网格划分依据,该河段划定为岸线开发利用网格。

(8)赵家铺张家庄—鲁家沟南川村。该河段 7.496 km,左岸 7.137 km,右岸 7.635 km,土质自然岸坡,河段坡降 1.73‰,河道弯曲系数 1.45。对比卫星遥感影像及提取的河道信息,该段河道河势、河床较稳定,从 1990 年以来,河道未发生明显变化,岸线开发利用率低。但河岸带岸坡倾角和斜坡波动变化较大,基质类别为土质河岸,岸坡坡脚的抗冲刷能力有限,易发生坍塌。目前该河道治理和河势控制方案尚未确定,按照岸线功能网格划分依据,该河段划定为岸线保留网格。

(9)鲁家沟南川村—鲁家沟淀水河。该河段 4.893 km,左岸 3.652 km,右岸 2.669 km,土质自然岸坡,河段坡降 1.43‰,河道弯曲系数 2。该河段多年平均输沙量 679 万 t,多年平均含沙量 223 kg/m³,多年平均输沙率 215 kg/s。因砂石料储量较大,是安定区划定的河道采砂的重点区域。按照《安定区河道采砂管理规划》(2014 年),共划定可采区 5 个,砂石储量 405.6 万 m³。按照岸线功能网格划分依据,该河段划定为开发利用网格。

（10）鲁家沟淀水河—鲁家沟阴阳河。该河段 5.863 km，左岸 4.453 km，右岸 3.619 km，土质自然岸坡，河段坡降 2.39‰，河道弯曲系数 2.94。对比卫星遥感影像及提取的河道信息，该段河道河势、河床较稳定，从 1990 年以来，河道未发生明显变化，岸线开发利用率低。但河岸带岸坡倾角和斜坡波动变化较大，基质类别为土质河岸，岸坡坡脚的抗冲刷能力有限，易发生坍塌。该河段属安定区鲁家沟镇区规划发展范围，按照岸线功能网格划分依据，该河段划定为岸线开发利用网格。

（11）鲁家沟阴阳河—红岘儿。该河段 27.27 km，左岸 25.287 km，右岸 24.867 km，河段坡降 3.29‰，河道弯曲系数 1.65。对比卫星遥感影像及提取的河道信息，该段河道河势、河床较稳定，从 1990 年以来，河道未发生明显变化，岸线开发利用率低。鲁家沟阴阳河至斜路川河岸以河谷河岸、滩地河岸为主，其中凹岸几乎全部为河谷河岸，凸岸几乎全部为滩地河岸，岸坡倾角和斜坡波动变化较大，基质类别为土质河岸，岸坡坡脚的抗冲刷能力有限，易发生坍塌。斜路川至红岘儿段河岸为岩土河岸，表层为近代沉积物，下部为基岩。目前该河道治理和河势控制方案尚未确定，按照岸线功能网格划分依据，该河段划定为岸线保留网格。

10.4.3　网格纵向边界线划定研究

按照网格纵向边界线，即岸线控制线划定方法，选择关川河巉口水文站至称钩河汇合口为典型河段，开展网格纵向边界线划定研究。依据关川河岸线功能网格划定成果，选择典型河段内共 3 类 3 个功能网格，其中：巉口水文站—周家庄古城为岸线开发利用网格，巉口古城—蔡家庄为岸线保护网格，蔡家庄—称钩河汇合口为岸线控制利用网格。该典型河段河道滩槽关系较明显，河势较稳定，临水边界线采用滩槽分界线作为临水控制线，已整治河道一般为中水整治线。对个别河道滩槽关系不明显，河势较稳定的河段，采用平槽水位与岸边的交界线，或主槽外边缘线作为临水控制线。对于无堤防的河道采用河道设计洪水位与岸边的交界线作为外缘控制线。对于已建有堤防工程的河段，外缘控制线采用已划定的堤防工程管理范围的外缘线。典型河段网格纵向边界线划定成果见表 10-9，控制线划分成果见图 10-2，典型断面示意图见图 10-1。

表 10-9　关川河典型河段网格纵向边界线划定成果

河段	网格类型	临水边界线（m）		水域面积（m²）	外缘控制线（m）		网格面积（m²）		控制点		
		左岸	右岸		左岸	右岸	左岸	右岸	经度	纬度	高程
巉口水文站—巉口古城	岸线开发利用网格	4 257	4 311	48 958	3 970	3 723	101 187	99 095	104.56	35.68	1 854
巉口古城—红崖下	岸线保护网格	727	724	4 968	799	668	9 992	5 699	104.54	35.60	1 847
红崖下—称钩河汇合口	岸线控制利用网格	3 123	3 014	101 604	3 184	2 994	39 652	54 836	104.53	35.70	1 838

(a) 东西河交汇口—东二十里铺村
河道网格划分

(b) 东二十里铺村—巉口康家庄
河道网格划分

图 10-1　典型断面示意图

(c) 巉口康家庄—鲁家沟南川村
河道网格划分

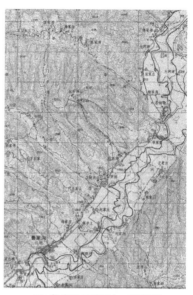

(d) 鲁家沟南川村—斜路川
河道网格划分

(e) 斜路川—红岘儿河道网格划分

续图 10-1

(a) 峪口水文站—三十里铺窝窝店河道
功能网格纵向边界线划定情况

(b) 三十里铺窝窝店—红崖下河道
功能网格纵向边界线划定情况

(c) 红崖下—蔡家庄河道功能网格
纵向边界线划定情况

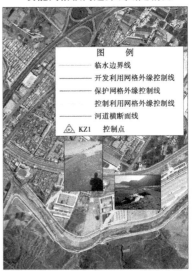

(d) 蔡家庄—称钩河汇合口河道功能
网格纵向边界线划定情况

图 10-2　控制线划分成果图

（1）峪口水文站至峪口古城段。该河段岸线划定为开发利用网格，临水边界线左岸 4 257 m，右岸 4 311 m，水域面积 48 958 m²。外缘控制线左岸 3 970 m，右岸 99 095 m，岸线网格面积左岸 101 187 m²，右岸 99 095 m²，控制点坐标:经度104.56,纬度35.68,高程1854。该河段弯曲系数1.97,大于1.5,河型为弯曲型。该河段平面变化的主要特点是,平滩水位下的河槽,即中水河槽具有弯曲的外形,深槽紧靠凹岸,凸岸的边滩十分发育,凹岸冲蚀,凸岸长。弯道横向环流强度较大,泥沙横向输移量也较大。弯曲水流的顶冲点在一年之内随流量大小不同而发生变化。一般情况下,在弯道顶点下游的一段距离内,无论流量大小,主流都靠近凹岸,属于常年贴流区,河岸崩坍率也较大;在弯道顶点附近,则随着流量的大小其顶冲点存在着下挫上提,这一段属于顶冲点的变动区,河岸年崩坍率也较大。横断面变形主要表现为凹岸崩退和凸岸相应淤长。选择该河道实测断面(断面1~断面6)表明,在变化过程中不仅断面形态相似,且冲淤的横断面面积也接近相等,见图10-3。纵向变形主要表现为,弯道段洪水期冲刷而枯水期淤积,过渡段则相反,年内冲淤变化虽不能完全达到平衡,但就较长时期平均情况而言,基本上是平衡的蜿蜒型河段,自然裁弯、撇弯和切滩现象均存在。

(2)巉口古城至红崖下段:该河段岸线划定为开发利用网格,临水边界线左岸727 m,右岸724 m,水域面积4 968 m²。外缘控制线左岸799 m,右岸668 m,岸线网格面积左岸9 992 m²,右岸5 699 m²,控制点坐标:经度104.54,

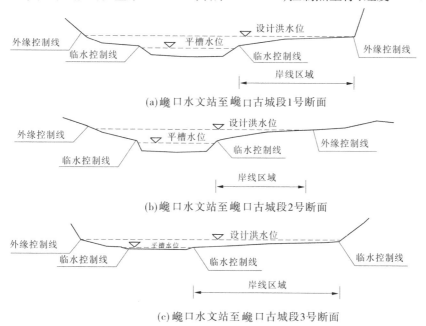

图10-3　巉口水文站至巉口古城段实测断面示意图

(d) 巉口水文站至巉口古城段4号断面

(e) 巉口水文站至巉口古城段5号断面

(f) 巉口水文站至巉口古城段6号断面

续图 10-3

纬度 35.60,高程 1 847。该河段弯曲系数 2.13,大于 1.5,河型为弯曲型。该河段平面变化、横断面变形及纵向变形特点同巉口水文站至巉口古城段。为保护古城遗迹,对该河段左岸进行了河道整治(见断面 7、断面 8),整治内容主要是按照治导线,以稳定现有河势,阻止凹岸继续坍陷,河势控制工程采用平顺护岸工程,见图 10-4。

(3)红崖下至称钩河汇合口段。该河段岸线划定为开发利用网格,临水边界线左岸 3 123 m,右岸 3 014 m,水域面积 101 604 m²。外缘控制线左岸 3 184 m,右岸 2 994 m,岸线网格面积左岸 39 652 m²,右岸 54 836 m²,控制点坐标:经度 104.53,纬度 35.70,高程 1 838。该河段弯曲系数 1.58,接近于 1.5,河型为微弯型。其中红崖下至蔡家庄段,河道平面变化、横断面变形及纵向变形特点同巉口水文站至巉口古城段(见断面 9、断面 10)。蔡家庄至称钩河汇合口段对该河段左岸进行了河道整治(见断面 11、断面 12),整治内容主要是按照治导线,以稳定现有河势,阻止凹岸继续坍陷,河势控制工程采用平顺护岸工程,见图 10-5。

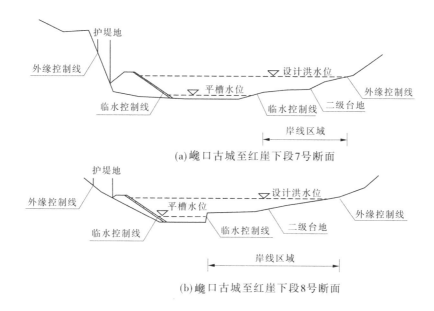

(a) 巉口古城至红崖下段 7 号断面

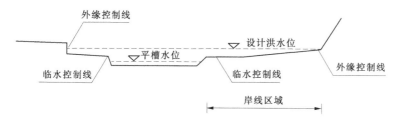

(b) 巉口古城至红崖下段 8 号断面

图 10-4　巉口古城至红崖下段实测断面示意图

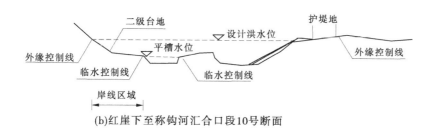

(a) 红崖下至称钩河汇合口段 9 号断面

(b) 红崖下至称钩河汇合口段 10 号断面

图 10-5　红崖下至称钩河汇合口段实测断面示意图

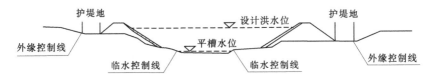

(c)红崖下至称钩河汇合口段11号断面

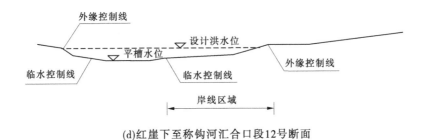

(d)红崖下至称钩河汇合口段12号断面

续图 10-5

10.5　关川河河道网格管理技术保护措施

针对关川河管理保护存在的问题和实施周期内要达到的管理保护目标，以因地制宜、统筹兼顾、突出解决重点问题为原则，确定河道网格管理保护的重点任务。

10.5.1　水域网格水资源保护措施

一是落实最严格水资源管理制度，执行"三条红线"控制，落实最严格水资源管理考核指标。

二是加强河流跨界断面和重点河段水量监测，完善水文监测站网。

三是严格取水许可审批和管理，加强重点取用水户监管全覆盖，提升水资源计量监控能力。

四是强化水资源承载力刚性约束，建立水资源承载力预警机制，并监督实施。

五是推进流域内节水型社会建设，推广应用节水技术，推广农田高效节水示范项目。

10.5.2　水域岸线网格管理保护措施

一是开展关川河水域岸线利用管理保护规划编制,划定临河、外缘控制线,明确岸线功能区,建立健全岸线管控制度。

二是合理配置岸线资源,加强河道内建设项目审批管理,落实河道管理保护责任体系,加大违规建设项目的依法处理。

三是强化关川河防洪治理的生态工程措施和非工程措施,加强后期运行管理。开展清淤疏浚和岸线清障及隐患排查整治。

四是严格执行河道采砂规划,落实采砂许可制度。加强采砂监管和日常执法巡查,严厉打击非法采砂活动。

10.5.3　网格水污染防治措施

一是强化工业污染防治,取缔不符合产业政策的工业企业,专项整治水污染重点行业,集中整治工业集聚区水污染。

二是加强城镇生活污染防治,加快城镇污水处理设施建设与改造,全面加强配套管网建设,推进污泥处理处置。

三是推进农业农村污染防治,防治畜禽养殖污染,控制农业面源污染,加快垃圾入河等环境综合整治。

四是合理规划城市建筑密度,加强公共绿地建设,促进雨水向地面的下渗。

五是开展入河湖排污口排查和规范化整治,优化调整入河排污口布局,加强城镇入河排污口监测。

10.5.4　水域网格水环境治理措施

一是通过水环境定期评估、制订水环境治理方案,加强关川河水环境综合治理。

二是在重要河段、排污口密集区、生态敏感区,增设水质监测和水生生物监测断面,完善水环境监测体系。

三是按照水功能区划水质目标要求,加强水功能区监督管理,加强水环境考核评价。

四是建立健全水环境风险评估及预警预报机制,定期组织开展演练,提升应急保障和处置能力。

10.5.5　河道网格水生态修复措施

一是建设河道连通项目,对关川河水系结构和功能进行修复,并按照生态流量需求,对水系非汛期流量进行人工调控,恢复河湖水系自然联通性。

二是以注重城区河岸带生态、景观廊道功能,注重农村河道河岸岸植被带的缓冲、截留、过滤效应为原则,加快河岸带系统的新建和修复。

三是开展河流健康评估,推进关川河、东河、西河、团结沟沿线引洮受益区地下水井关闭,限制地下水开采,加快引洮受益区地下水源涵养。

四是谋划建设一批湿地项目,加快推进水环境生物修复保护,提高水体自身净化调节功能,逐步改善水生物自然环境和生物多样性。

五是开展耕地轮作轮休制度试点和退耕退田,开展河流源头水源涵养林和河道、农田防护林等生态建设,推进流域水土流失综合治理,强化生产建设项目水土保持监管。

10.5.6　网格管理执法监管

一是完善河道管理法规制度,建立河道管理部门联合执法机制和日常监管巡查机制,加大管理保护执法力度。

二是落实管理保护执法监管责任主体、人员、设备和经费。

三是建立贯穿于河流管理全过程的公众参与激励机制和有效的公众参与程序,增强管理者、公众在不同时期对于河流健康、河流管理的认知。

10.6　关川河河道网格管理保护措施研究

根据关川河河道网格管理保护任务,提出有针对性、可操作性的具体措施。

10.6.1　水资源保护措施

落实最严格水资源管理制度,严格取水许可审批和管理,加强重点取用水户监管全覆盖,推进流域内节水型社会建设,加强河流跨界断面和重点河段水量监测,建立水资源承载力预警机制并监督实施。

10.6.1.1　落实最严格水资源管理制度

一是严格执行用水总量控制、用水效率控制和水功能区限制纳污"三条红线",建立完善用水总量控制、用水效率控制、水功能区限制纳污和水资源管理责任考核"四项制度",明确阶段性控制目标,并全面建立总量红线控制、用水效率红线控制、水功能区限制纳污红线控制三项指标体系。

二是建立健全考核评价体系,把"三条红线"控制指标纳入地方绩效综合考核,促进红线控制指标的落实。

三是加快水资源保护管理从事后治理向事前预防观念转变,完善水资源管理"政府政策法规和制度支持,部门指标技术支撑,用水户和水资源管理部门相互联动"协调机制。

10.6.1.2　加强水量监测预警能力建设

一是针对当前关川河水文站网密度低、无市级站点、自动监测与预警能力未建设等问题,加强市级水文基础设施建设,扩大覆盖范围,优化监测站网布局,着力增强重点区域、重点河段、跨界域河段的水文测报能力,加快应急机动能力建设,实现资料共享,全面提高水文服务水平。

二是用三年的时间基本建立关川河水量监测网络系统框架,形成与实行最严格水资源管理制度相适应的水资源监控能力。

三是加强监测预警能力建设,加大投入,整合资源,提高水量临界值预报水平,为强化监督考核提供数据和技术支撑。

10.6.1.3　严格取水许可审批和管理

一是严格落实取水许可制度,强化取水许可监管,实现取水许可管理全覆盖。

二是针对不同类型取水户的取用水特点、排水特点、对生态环境的影响特点,分类改进取水许可审批内容。

三是针对取水设施取用水过程情况掌握不够或只能掌握取水总量,不能掌握其取水过程量的问题,要加强需水单位实时取水监控设备和计量设施设置情况的审核,实现重点取用水户监管全覆盖。

四是要按照现代水资源管理的要求,加强监控设备和计量设施的信息化建设,强化技术和管理手段,加快信息反馈和工作周期,提高水资源管理的时效性和精确性。

五是要将水资源论证纳入取水许可和基本建设项目立项审批程序,实行统一受理审批,并作为项目规划审批的前置条件,实现水资源管理关口前置。

六是要探索建立取水许可审批后的验收和后评估制度。

10.6.1.4　进一步推进节水型社会建设

一是将万元工业增加值用水量、万元国内生产总值用水量和农田灌溉水有效利用系数作为最严格水资源管理制度考核、用水效率评估体系和约束性指标。

二是加强水资源统一配置和分质利用,因地制宜、有计划地将再生水、雨水、微咸水等非常规水源纳入水资源统一配置。

三是对照国家鼓励类用水技术、工艺、产品和设备目录,引导支持工业企业提高废水重复利用率,减少新鲜用水量,抓好工业节水。

四是加强公共建筑节水器具采用率,将节水产品和设备纳入产品质量监督抽查计划,淘汰公共建筑中不符合节水标准的水嘴、便器水箱等生活用水器具,鼓励居民家庭选用节水器具。

五是按照海绵城市和国家节水型城市标准,建设滞、渗、蓄、用、排相结合的雨水收集利用设施,并对老旧供水管网进行更新改造。

六是推进农业水价综合改革,在具备灌溉条件的区域全面推广使用渠道防渗、管道输水、喷灌微灌、膜下滴灌、垄膜沟灌等节水灌溉技术,完善灌区灌溉用水计量设施。

10.6.2　水域岸线管理保护措施

严格水域岸线等水生态空间管控,依法划定河湖管理范围。落实规划岸线分区管理要求,强化岸线保护和节约集约利用。严禁以各种名义侵占河道、围垦湖泊、非法采砂,对岸线乱占滥用、多占少用、占而不用等突出问题开展清理整治,恢复河湖水域岸线生态功能。

10.6.2.1　加强水域岸线管理

一是结合河势、岸线自然特征,在服从防洪安全、河流稳定和环境健康的前提下,科学划定临河、外缘控制线,实行河岸线红线、蓝线控制制度,建立关川河河道生态空间。

二是以结合岸线开发与保护、统筹上下游、左右岸关系、综合考虑经济社会发展为原则,开展关川河水域岸线利用管理保护规划编制,对岸线保护区、保留区、控制利用区及利用区分别提出管理规划意见。

三是将河道保护和治理纳入本级国民经济和社会发展规划,建立与岸线利用相适应的投入机制,将河道保护、治理和管理经费列入同级财政预算。

10.6.2.2　加强涉河项目管理

一是加强对河道管理范围内新建、扩建、改建开发水利、防治水害、整治河道的各类工程和其他跨河、穿河、跨堤、穿堤、临河、拦河的建筑物、构筑物设施建设方案及防洪评价报告的审查、审批监管,要将农村农路等涉河建设项目纳入监管范围。

二是落实河道管理保护责任体系,通过主体部门监督、管理部门巡查和上级部门抽查及不定期检查等手段,重点加强对涉河项目行政许可手续、建设规模、验收及运行过程的监督管理。

三是建立健全涉河项目公示、举报及限期整改制度,对未经审查自行建设,未按批准的位置和界限进行建设的项目违法违规行为进行依法处理。

四是对岸线划定区、功能区内已设的对防洪、河势稳定和水生态环境有重大影响的项目,按轻重缓急,有计划、有步骤地提出清退意见,并实施。

五是推进关川河防洪治理生态工程和非工程措施建设,开展清淤疏浚和岸线清障及隐患排查整治,加强已建设堤防工程的后期运行管理,划定保护范围,落实管护人员和经费。

10.6.2.3 加强河道采砂管理

一是以分级属地管理,总量控制、分期开采,统筹协调上下游、左右岸为原则,对流域内已编制的《河道采砂规划》进行完善,合理划分可采、禁采时空区段,并实行动态管理。

二是加强对采砂规划的审查论证及批复工作,确保规划的系统性、协调性和可操作性,确保砂石资源可持续利用。

三是制定采砂规划实施意见,明确采砂管理的目标和控制性指标,建立社会公告、管理体制、动态监测的保障措施,确保河道采砂规范化、科学化管理。

四是严格执行《定西市采砂管理办法》,落实采砂许可及收费制度,依法完善采砂权招标、拍卖、挂牌等公开出让管理手段,建立健全砂坑回填、河道平整、环境恢复的管理办法。

五是建立经常性的定期、不定期巡查、抽查制度,把是否持有许可证,是否存在采砂行为买卖、转让,开采控制指标作为巡查的重要内容。

六是充分发挥综合执法,多部门联合巡查等监督方式,严厉打击非法采砂活动。加大对违法违规采砂行为水行政强制措施和水行政强制执行力度,加大对违法违规采砂行为水行政处罚、工商行政管理处罚、治安管理处罚和刑事处罚。

10.6.2.4 建立岸线管理保障措施

一是建立健全岸线利用保护与治理相结合的管理机制,完善岸线利用与保护相协调和统筹管理的措施及政策制度。

二是实行岸线分区动态管理,并建立岸线利用现状定期评价评估机制。

三是强化执法监督,加强宣传,提高社会公众对岸线利用的保护意识。

10.6.3　水污染防治措施

结合关川河现状污染特征、区域社会经济发展等,将点源污染控制和治理、农业面源污染控制、雨水径流污染控制和治理作为水污染防治的核心以及重要前提。

10.6.3.1　强化工业污染防治

一是全面排查装备水平低、环保设施差的小型工业企业,对不符合国家最新产业政策及行业准入条件的造纸、染料、淀粉、制药等严重污染水环境的生产项目全部取缔,并加强环境监察执法后督察,杜绝不符合产业政策且已关闭的企业违法生产。

二是制定造纸、氮肥、有色金属、印染、农副食品加工、制药、淀粉加工、制革等重点行业专项治理方案,并纳入强制性清洁生产审核范围,分年度完成审核。完成造纸、钢铁、氮肥、印染、制药、制革等行业排污技术改造。

三是在经济开发区、工业园区等工业集聚区严格执行环境影响评价制度,并同步规划、建设污水、垃圾集中处置等污染治理设施。要全面排查已建成企业废水污染治理设施建设情况,对不符合要求的要限期整改,并安装自动在线监控装置。要加强工业水循环利用,鼓励废水深度处理回用,提高中水回用率。

10.6.3.2　加强城镇生活污染防治

一是因地制宜加快城镇污水处理设施建设与改造,确保到2020年底前污水处理设施执行一级A排放标准和再生利用要求。在有可供利用自然条件的地区及工业集聚区,采取湿地辅助技术建设污水处理厂尾水湿地工程。

二是结合地下综合管廊建设,加强城中村、老旧城区和城乡接合部污水截流、收集。加快实施老城区合流制排水系统雨污分流改造。对改造难度大的管道采取截流、调蓄和治理等措施。

三是将污泥集中处理处置工程纳入污水处理设施建设规划,加快市区污水处理厂污泥集中处理设施建设。要尽快完成现有污泥处置设施达标改造,一律取缔非法污泥堆放点,禁止城市污泥进入耕地。

四是按照海绵城市建设要求,合理规划建筑密度,加强公共绿地建设,广泛使用透水方砖、草皮砖等透水铺面,促进雨水向地面下渗,减少进入沟集、管网及水体的雨水。要构建完善的雨水收集系统以及雨水综合利用系统,削减雨洪径流,并加以有效利用。

10.6.3.3　推进农业农村污染防治

一是科学划定畜禽养殖禁养区,依法推进、完成禁养区内畜禽养殖场和养殖专业户的关闭或搬迁。在新建、改建、扩建的规模化畜禽养殖场全面实施雨污分流、粪便污水资源化利用和集中收集处置,对现有规模化畜禽养殖场进行改造,配套建设粪便污水储存、处理、利用设施。

二是按照农业面源污染综合防治要求,开展农作物病虫害绿色防控和统防统治,实行测土配方施肥,推广精准施肥和机具。要严格控制农药、化肥使用增长量,扩大农作物病虫绿色防控、统防统治覆盖范围,加快高标准环保农田建设。

三是大力发展农业高效节水,在关川河、东河、西河等沿线灌区,加快推广水、肥、药一体化灌溉技术,减少对地下水的污染。在地下过度开发的内官、香泉灌区,要加快引洮水源替换和地下水井关闭,逐步减少地下水农业灌溉用水量。

四是以农村生活污水处理、生活垃圾处理为重点,加快农村生活污水集中处理设施建设,推动城镇污水处理设施和服务向农村延伸。要综合整治农村水环境,开展生活垃圾集中处置、河道清淤疏浚,推进美丽乡村建设。

10.6.3.4　加强入河排污口监管

一是按照属地管理原则,开展入河排污口调查摸底和规范整治。要加强已建入河排污口的复核,重点掌握排污口的类型、规模、设置时间、所在位置、污水类型、排污方式等,建立名录和重点监管名录,建立权责明确、制度健全的入河排污口监管体系。

二是要统筹水功能区划、中小河流治理等规划,编制入河排污口设置布局规划或指导意见,划定禁设排污区、严格限设排污区和一般限设排污区,明确禁止和限制设置入河排污口范围,加强宏观指导。

三是健全排污口审批制度,加强入河排污口与取水许可管理、水资源论证、涉河项目管理等工作的联动和信息共享,加强新建排污口性质、指标及水质保护措施的分析论证,建立部门合作共享机制,形成监督管理合力。

四是按年度制定入河排污口监测计划,鼓励利用先进科技手段监控和排查入河排污口,加强入河排污口的日常和监督性监测,提高监测频次和覆盖程度。对排放不达标、未按审批要求排污的或未经批准私设的排污口采取强制措施,依法处罚。

10.6.4　水环境治理措施

加强水环境综合治理,推进主要控制断面水质、水功能区监测体系建设,完善水环境考核评价机制,提升应急保障和处置能力。

10.6.4.1　加强水环境综合治理

一是对关川河水环境进行定期评估,分析研判重点超标项目,加大化学需氧量、氨氮、总磷等有机污染物的控制力度。

二是结合关川河水污染现状和水功能区水质目标要求,制订关川河水环境治理方案,选择水污染治理技术路线。

三是以工艺简单、便于操作、过程经济有效为原则,采用物理、化学、生物等方法对水环境进行治理,确保水质明显改善。

四是以污水、垃圾处理和工业园区等工业企业聚集区为重点,推行水环境污染第三方治理。

10.6.4.2　加强监测预警能力建设

一是建设排污许可管理信息平台,将污染物排放种类、浓度、总量、排放去向等纳入排污许可管理范围。

二是在重要河段、排污口密集区、生态敏感区,增设水质监测和水生生物监测断面,完善水环境监测体系。

三是推进水环境治理网格化和信息化建设,建立健全风险评估及预警预报机制,实行预警限污限排措施。

10.6.4.3　加强水环境考核评价

一是按照水功能区划水质目标要求,对河流进行分段、分类管理,将治污任务落实到汇水范围内的排污单位,明确责任主体。

二是结合最严格的水资源管理制度考核,将河段限制纳污考核及水功能区达标状况作为各级河长考核的重要内容。

10.6.4.4　提升应急保障和处置能力

一是加强沿河工业企业,工业集聚区水环境风险评估,划定风险等级,落实各项防控措施。

二是加强环境风险隐患排查整治,制订应急预案,定期组织开展应急演练。

10.6.5　水生态修复措施

建设河道连通项目,对关川河水系结构和功能进行修复,并按照生态流量需求,对水系非汛期流量进行人工调控,恢复河湖水系自然联通性。

10.6.5.1　利用引洮水资源对生态水系进行修复

一是针对目前水系存在的问题,在引洮工程建设实际和水资源利用的基础上,提出引洮水资源修复与补偿研究区城市水系的技术方案。

二是综合考虑防洪排涝功能、生态环境需求和水系在休闲、旅游、景观美化等方面的作用,从纵向、断面、连通性、水环境及河流功能等方面提出方案,对水系构成进行优化。

三是规划建设引洮工程与东河、西河及周边现有水库、水面的联通项目,增强水系的纵、横向连通性,增强水资源利用的机动性和关川河水体的流通性,提高水体自净能力。

四是合理配置引洮水资源生态水量,综合考虑关川河基本功能生态需水量,利用引洮水资源对枯水期河道进行补水,防止河道枯水期断流与萎缩,并改善水质。

五是制定河道范围内的 4 座翻板闸坝,原东河、中河灌区拦水、蓄水工程等的调度运行方案,完善防淤积方案,要确保行洪安全和水系相互联通,为生物迁徙提供交流空间。

六是通过引、提等方式,使各水系之间相互连通、相互影响,达到河流功能结构多样性、自然性、综合性的标准要求,使水系的基流调蓄、地下水转换通道、泥沙输送,生活、工业、农业、市政杂用、生态环境、景观等兴利水源,文化承载、休闲娱乐、公园观景、造景等功能全面发挥。

10.6.5.2　加快河岸带生态系统的新建修复

一是基于河岸带现状对河岸带宽度进行设置,加强河岸线和河道采砂管理管理。对河流两侧的土地利用方式进行优化调整,拓宽河岸空间宽度、增加植被覆盖并提高连通性。

二是对于农村河道,重点体现河岸植被带的缓冲带效应,通过截留、过滤,有效减少来自农田地表的面源污染,原则上农村、农田河道河岸带宽度应不少于河宽。

三是对于城区河道,由于受到两岸土地利用限制,近期要求可以放宽。同时要注重景观美学、休闲娱乐功能发挥,着重廊道景观性。

四是在河岸带规划治理中,考虑生态治理与工程措施相结合的方式,注重保留河道健康自然的弯曲河岸线。推进生态型护岸建设,尽可能保持、保留河流自然形态结构,避免河道裁弯取直、人工渠化。

10.6.5.3　开展关川河河流健康评估

一是对关川河生态系统开展健康评价,了解河流现状和存在的主要问题,为河流有效管理和环境综合保护开发提供理论基础和实践指导依据。

二是要根据河流健康的定义和内涵,建立关川河健康调查评估的指标体系、建立健康评估指标标准体系、建立适合关川河的河流健康评估方法,得出河流健康综合评估结论。

三是从河流生态系统整体出发,对河流水文、生物、生境等状况进行综合评估,为河流适应性管理提供基础资料和信息反馈,为河流管理提供科学参考依据。

10.6.5.4　加强流域内生态修复与治理

一是推进关川河、东河、西河、团结沟沿线引洮受益区地下水井关闭,限制地下水开采,加快引洮受益区地下水源涵养。

二是谋划建设一批湿地项目,加快推进水环境生物修复保护,提高水体自身净化调节功能,逐步改善水生物自然环境和生物多样性。

三是开展耕地轮作轮休制度试点和退耕退田,开展河流源头水源涵养林和河道、农田防护林等生态建设,推进流域水土流失综合治理,强化生产建设项目水土保持监管。

10.6.6　行政执法监管措施

研究出台相关政策和制度,建立完善执法机制,严厉打击涉河违法行为,建立河流管理、执法考核惩奖机制,加大河道动态管理保护。

10.6.6.1　建立完善执法机制

结合"河长+警长"制,充分发挥综合执法部门职能,强化环保、公安等部门的协作,完善行政执法与刑事司法衔接和案件移送、受理、立案、通报等行政执法与刑事司法配合机制。

10.6.6.2　加大河道管理保护监管

完善市县监管、乡镇协调环境监督机制,建立河道日常巡查、处理、报告制度,落实河道管理保护执法监管责任主体、人员、设备和经费,建设河道管理信息系统,加强信息交流和共享。

10.6.6.3　严厉打击涉河湖违法行为

坚决清理整治涉河非法活动,严厉打击涉河违法行为,加大对排污单位的日常监督检查力度,坚决清理整治非法排污、设障、采砂、采矿、围垦、侵占水域岸线等活动。

10.6.6.4　建立考核惩奖机制

以"七无一增"为主要考核指标,健全河道管理与保护河长制绩效评价体系。对因失职、渎职导致河道遭到严重破坏的,依法依规追究责任单位和责任人的责任。

10.7　保障措施

10.7.1　组织保障

加强组织领导,落实逐级河长责任,分解规划目标,严格对各项目标的考核;同时,加强与各行业责任部门的沟通协调,建立有效的工作协调机制,及时协调解决河道管理中的矛盾和问题,为推进河道防洪保安、水资源供给、水环境治理、水生态修复、水资源管理及法治管理等河道治理体系和治理能力,打造"水净、河畅、岸绿"健康河道的目标任务起到组织保障作用。

10.7.2　制度保障

建立健全推行河长制各项制度,主要包括河长会议制度、信息共享制度、信息报送制度、工作督察制度、考核问责和激励制度、验收制度等。完善水污染防治的相关法规,加大依法监管力度。强化行政约谈、经济处罚、挂牌督办、限期治理等综合手段,从严监管违法排污人员。创新行政监管方式,畅通信访举报渠道,注重环境信访与执法联动,推进行政处罚信息公开,建立健全舆情监控和媒体应对机制。

10.7.3　经费保障

建立健全以公共财政投入为主、积极运用市场机制、多渠道筹措资金的投入稳定增长机制。加大公共财政对河道各项要素的投入,完善市、县级市(区)投入稳定增长机制。除加大财政投入外,落实水利及环境等建设基金、水资源费、水利工程水费、城市水利建设资金、农业土地开发资金等专项资金政策,并按相关政策收足用好。创新投入机制,支持和引导社会资本参与河道的建设和运行,完善政府与社会资本的合作机制,拓宽融资渠道,通过直接、间接融资方式,吸引社会资金。管好、用好各项资金,明确不同责任主体对建设、管理的责任和义务,划分各级政府和社会法人的事权责任,各级办各级的事,规范管理和使用资金,使有限的资金发挥最大的工程和社会效益。

10.7.4　队伍保障

健全河湖管理保护机构,加强河湖管护队伍能力建设。推动政府购买社会服务,吸引社会力量参与河湖管理保护工作,鼓励设立企业河长、民间河长、河长监督员、河道志愿者、巾帼护水岗等。按照《全国环境监察标准化建设标准》的要求和实际工作需要购置执法车辆、车载样品保存仪器、急取证设备、现场取样设备、办公设备、应急装备等。加强对企业、执法人员的培训,开展环境应急管理、污染治理设施技术、排污申报等培训。加强环境监察队伍建设,实行环境监察人员持证上岗,加强培训学习,切实提高监察执法能力。

10.7.5　机制保障

结合全面推行河长制的需要,从提升河湖管理保护效率、落实方案实施各项要求等方面出发,加强河湖管理保护的沟通协调机制、综合执法机制、督察督导机制、考核问责机制、激励机制等机制建设。健全全民参与机制。充分发挥舆论的导向和监督作用,广泛持久地开展多层次、多形式的生态文明建设宣传教育活动,加强对先进典型的总结和推广,充分发挥民间环保组织和环保志愿者的作用,形成共建共享生态文明的良好氛围。

10.7.6　监督保障

实施监管和信息化建设管理,完善各有关部门和公众对实施方案的监督机制,提高方案的实施效果,加强与规划、建设、环保、国土、交通、农业等相关部门的沟通协调,协同推进实施。继续推行考核监督机制,加强监督检查,确保目标任务层层落实,各项工作有序推进,取得实效。

第 11 章　结论与展望

本研究首先对河道网格的划分进行了系统的研究,并提出河道网格化管理是在河长制对河流系统管理的基础上,实现精细化、精准化和信息化的管理,岸线管理是河道网格化管理的重点内容;其次在对关川河全段的基本概况(包括水文水资源、物理结构、水质、水生物、社会服务功能等状况)调查分析的基础上,选择关川河巉口水文站至称钩河汇合口段为典型河段,开展网格纵向边界线划定研究,概述关川河管理保护体制机制、管理主体、监管主体,日常巡查、占用水域岸线补偿、生态保护补偿、水政执法等制度建设和落实情况,分析河道管理方面存在的问题,提出关川河管理保护的重点任务和措施;最后根据河道管理的需求,建立河长制网格化管理信息系统,系统的常用功能主要包括水文水资源、水质、物理结构、视频监控、数据查询和后台管理六大模块,系统建成后可通过终端加强对河道单元网格的管理,做到能够主动发现,及时处理,加强对河道污染的管理能力和处理速度,将被动应对问题的管理模式转变为主动发现问题和解决问题。

11.1　河道网格化划分研究

河道网格化划分研究是在分析网格化及网格化管理定义及功能的基础上,结合河道水域及岸线的特点提出了河道网格化管理的基本概念,并指出河道网格化管理是在河长制对河流系统管理的基础上,实现精细化、精准化和信息化的管理,岸线管理是河道网格化管理的重点内容。得出的结论主要有:

(1)对岸线定义、岸线功能、岸线稳定性、岸线与河势稳定、岸线利用类型、岸线功能区定义、岸线功能区划体系、岸线利用与保护存在的问题、岸线管理面临的形势进行了综合分析。

(2)为确保网格划分与岸线功能区划相一致,提出以岸线规划为基础,在完成岸线功能规划的基础上开展网格划分,并分析了河道岸线网格划分的原则、划分范围与水平年、划分依据。

(3)提出了岸线网格划分体系,包括"1 个水域带状网格和岸线 4 类功能区网格"。其中岸线横向边界线划分主要以岸线功能区划分为依据,分为岸线保护网格、岸线保留网格、岸线控制利用网格和岸线开发利用网格。纵向边界线划分主要以岸线边界线为依据,分为临水边界线和外缘边界线。

(4)提出了岸线网格与边界线划分的基本要求及网格划定的依据、标准。提出了河道管理网格划分成果表示方法。

(5)分析了河道岸线网格管理的重点内容,明确划定的岸线网格建议由该河流同级"河长制"办公室负责管理。明确了岸线网格和控制线的重点管理内容,提出了岸线网格利用调整要求和管理的保障措施。

11.2　关川河基本状况分析研究

关川河流域地处甘肃省中部,位于东经 104°14′~105°02′、北纬 35°17′~36°11′,流域总面积 2 839 km²,其中安定区境内 2 755.19 km²,占全境面积 3 638 km² 的 75.7%。关川河是黄河流域、黄河干流水系祖厉河一级支流,主河道全长 104 km,安定区境内 80.06 km,占总河长的 77%。流域内黄土埋深厚,河谷下切深,植被少,下垫面条件差,水土流失十分严重。其上游分东、西河两支,其中东河发源于安定区与通渭县的交界地带华家岭,海拔 2 457 m,流经宁远、李家堡、定西,干流长 48.8 km,河道纵坡 4.05‰,流域集水面积 791 km²;西河发源于内官南山及胡麻岭东北麓,由西南向东北流经符川、高峰、东岳、内官、香泉、凤翔等乡(镇),干流长 67.5 km,干流平均纵坡 4.5‰,流域集水面积 634 km²。关川河东、西河交汇口以上流域面积 1 425 km²,两河在定西城区汇合后沿西北方向流过巉口后,转为东北经鲁家沟进入会宁县境,在郭城镇入祖厉河。关川河在安定区内支流较少,另外一条主要支流称钩河位于巉口西部,由西向东流经称钩,在巉口镇汇入关川河。

11.2.1　关川河水文水资源状况分析

通过对关川河流域内降雨、径流等方面的观测资料和枯水期径流变差倾向率(LRR)、径流年际交差倾向率(AVR)2 个指标进行分析,得出的结论主要有:

(1)通过对降雨量进行分析,流域受地理位置、地形地貌、气流运动及大气系统等因素的影响,降水量年际年内变化大,年降水量存在丰枯水周期交替发生的规律,连续丰水年偏丰程度和连续枯水程度都比较严重。从趋势看,近年来流域内降水量呈增加趋势。

(2)区域内关川河等河流为季节性河流,年径流主要由降雨补给,径流年内变化与降雨相应,分配极不均匀。年平均流量上下波动,总体上呈现逐年降低的趋势。据典型年径流量变化趋势和丰枯水期平均径流量变化分析,丰水期流量占全年流量的 74%,枯水期水量很小,东河、西河基本断流。

(3)对巉口站 2001 年以后的资料系插补延长后,关川河多年平均年径流量 1 200 万 m^3,2001~2016 年年径流量与 1980~2000 年的变化趋势比较,相对较为平缓,年均径流量从 1 730 万 m^3 减少为 570 万 m^3,与东河的年径流量变化趋势相似。表明在退耕还林还草等水土治理项目实施后,关川河的径流量明显减少,在 2004 年以后基本趋于稳定。枯水期径流量与年径流量变化趋势基本一致,但趋势较缓。

(4)通过对关川河巉口水文站枯水期径流年内分配率进行最小二乘法曲线拟合,得到枯水期径流变差倾向率(LRR)为负 0.003 4。

(5)通过对关川河巉口水文站水文测量数据序列进行最小二乘法曲线拟合,得到径流年际变差倾向率(AVR)为负 0.033 3。

11.2.2　关川河物理结构状况分析

利用 GPS 技术、GIS 遥感影像和现场观察、取土试验等方法,分析关川河河流形态、河岸带、河流连通阻隔等状况,采用分级指标评分法,得到了关川河物理结构完整性评分结果,主要结论有:

(1)分段对比卫星遥感影像及提取的河道信息,关川河干流安定区境内原长 88.02 km(1990 年),现状长 80.06 km(2016 年),裁弯取直 7.96 km。其中:关川河鲁家沟段河道原长 56 km(1990 年),现状长 55.28 km(2016 年),裁弯取直 0.72 km,占原河道长度的 1.29%,并有 0.85 km 河道渠化,占现状河长的 1.5%,河流形态没有发生显著改变,只有局部河道由于人类活动因素发生改道或渠化现象;巉口段河道原长 18.32 km(1990 年),现状长 17.06 km(2016 年),裁弯取直 1.26 km,占河道原长的 6.88%,渠化 3 km,占现状河道的 17.58%;城区段河道原长 13.7 km(1990 年),现状长 7.72 km(2016 年),裁弯取直 5.95 km,占原河道长度的 43.65%,并全部渠化,渠化率 100%,有明显的形态改变,裁弯取直及河道渠化现象突出。

(2)利用关川河(干流)多年遥感影像数据提取河道信息,分段对比分析河道弯曲程度变化情况:关川河鲁家沟段河流弯曲程度基本没有变化,无明显裁弯取直现象,只在局部人类活动频繁的河道出现裁弯取直并拓宽修筑河堤;而巉口段上游约 3 km 和下游段(斜河坪—十八里铺)约 3 km 在 2008~2015 年间出现明显河道裁弯取直现象;城区段中下游(十里铺—定西市区段)约有

6 km 河道在 2000～2008 年间出现河道裁弯取直和渠化现象,至 2015 年城区段已全部裁弯取直并拓宽修筑河堤。

(3)河道弯曲变化情况为,关川河鲁家沟段河道河流弯曲率表现为从 2000 年以后,受外界因素影响,河流弯曲率呈下降趋势,但不明显,目前仍为弯曲型河流;巉口段河道河流弯曲率从 2000 年以后,受外界因素影响,河流弯曲率呈下降趋势,较明显,目前仍为弯曲型河流;城区段河道河流弯曲率从 2000 年以后,受外界因素影响,呈明显下降趋势,且非常明显,河流由 2000 年以前的弯曲型河流改变为现状的平直型河流。

(4)依据各站实测大断面成果,关川河巉口站、大羊营站河床变化并不显著。巉口站 1980～2000 年 20 年河床稳定没有冲淤变化,大羊营站 2015～2017 年河床也基本稳定,仅在起点距 17～40 m 有轻微的淤积,淤积厚度 0.18～0.77 m。

(5)选取的关川河 6 个监测断面,河岸带岸坡倾角波动变化较大,其中有 1 个断面岸坡倾角超过 60°,有 1 个断面岸坡倾角超过 45°小于 60°,有 1 个断面岸坡倾角超过 30°小于 45°,有 2 个断面岸坡倾角超过 15°小于 30°,有 1 个断面岸坡倾角超过 0°小于 15°。6 个监测断面的斜坡高度波动变化大,平均斜坡高度 5.4 m 左右,其中超过 5 m 的斜坡断面 6 个,最高达 11.74 m,且倾角达到 56°,极不稳定。斜坡超过 3 m 小于 5 m 的断面 4 个,超过 2 m 小于 3 m 的断面 2 个。

(6)关川河河岸以河谷河岸、滩地河岸和堤防河岸为主。其中城区段全部为堤防河岸,长 11.57 km,从凤祥镇斜河坪以下至鲁家沟斜路川主要为河谷河岸和滩地河岸,其中凹岸几乎全部为河谷河岸,凸岸几乎全部为滩地河岸。从基质看,关川河以土质河岸为主,从 1:5 万地形图测量,黏土河岸长 49.33 km,岩土河岸 19.12 km,堤防河岸 11.57 km,黏土河岸的比例超过一半,属于典型的山区河流特征。受河岸基质特征影响,关川河流域 65% 的河岸都受到不同程度的冲刷和侵蚀,特别是河道凹岸受冲刷和侵蚀严重,河岸倾角大、斜坡长,河岸稳定受到一定影响,且关川河河岸带主要基质类别为土质河岸,岸坡坡脚的抗冲刷能力有限,容易发生坍塌。

(7)关川河(干流)流域植被覆盖度采用 1990～2015 年间 Landsat 遥感数据提取的归一化植被指数进行估算,流域平均植被覆盖度为 46%。关川河河岸面积 581.56 hm²,目前植被覆盖面积 296.83 hm²,覆盖度 51%,其中乔木覆盖面积 0.25 hm²,覆盖度 0.04%(中度覆盖 0.03%、重度覆盖 0.01%),灌木覆盖面积 66.79 hm²,覆盖度 11%(植被稀疏 4%、中度覆盖 6%、重度覆盖

1%),草本植物覆盖面积 229.79 hm²,覆盖度 40%(植被稀疏 25%、中度覆盖 12%、重度覆盖 2%)。从植被覆盖度看,上、中、下游河段植被覆盖度基本一致,在 50% 左右,其中上游河段 49.2%,中下游均为 51%。从覆盖的植物看,草本植物覆盖面积最大,占 40%,乔木覆盖面积最小,仅为 0.04%,关川河总体植被覆盖为重度覆盖偏小。

(8)关川河安定区境内,有阻水建筑物 6 座,全部无鱼道,对部分鱼类迁移有阻隔。其中:溢流坝 1 座,拦河坝 1 座,人工翻板坝 4 座,在运行期间,由于关川河含沙量较大,翻板坝淤泥较严重,严重影响翻板坝的正常运行,并且形成阻水。

11.2.3 关川河水质状况分析

通过分析 2013～2017 年关川河入境和出境两个断面,在丰、枯水期河流溶解氧、高锰酸钾指数、化学需氧量、五日生化需氧量、氨氮等 5 项水质指标的季节变化特征和空间差异,并采用单因子水质标识指数法、单因子评价法对关川河水质进行分析。同时,依据《甘肃省重要河流健康调查评估技术大纲》水质调查评估及赋分办法对关川河水质状况进行评估赋分。得到的结论有:

(1)通过对入境断面的(内官镇先锋村)的水质监测项目"溶解氧、高锰酸钾指数、化学需氧量、五日生化需氧量、氨氮"5 项水质指标状况进行分析,从 2013 年开始至 2017 年,除氨氮外,溶解氧、高锰酸钾指数、化学需氧量、五日生化需氧量 4 项水质项目均趋于向好趋势,表明在近年的水污染防治措施下,水质有明显改善,且在枯水期 5 项指标值均优于丰水期,分析原因:考虑关川河上游西河流域无大型工业企业,造成丰水期水质差的原因可能是内官灌区农药化肥随地表径流汇入河道所致。

(2)通过对出境断面的水质监测项目"溶解氧、高锰酸钾指数、化学需氧量、五日生化需氧量、氨氮"5 项水质指标状况进行分析,与入境断面水质相比,出境断面的 5 项水质状况变化趋势无明显规律。分析原因:关川河入境断面上游为农业灌溉区,河道污染情况主要受灌溉及地表径流影响。至出口断面时,河流流经农业用地、工业用地、城镇居民用地,径流污染物可能包括有机污染物、重金属等,随机性较强。

(3)通过分析溶解氧、高锰酸钾指数、化学需氧量、五日生化需氧量、氨氮 5 项水质指标在入境、出境断面上的特征,在丰水期和枯水期,溶解氧均表现为入境断面 > 出境断面的分布特点。高锰酸钾指数、化学需氧量、五日生化需氧量、氨氮 4 项水质指标均表现为出境断面 > 入境断面的分布特点,且在

2016 年丰水期化学需氧量、五日生化需氧量、氨氮 3 项水质指标表现最为明显。同时,在丰水期水质变化特征较枯水期明显。表明从水质单项指标看,上游水质明显优于下游水质。分析原因:中上游 26 座排污口污水排入关川河后,受河水的紊流作用,在推移、分散、衰减和转化过程中,污水逐渐与河水混合、扩散。由于关川河水浅、量小、河面窄,预计入河污水对流速低、水深浅的河段或水域污染影响较大。特别是在枯水期,造成下游河段河流污染。

(4)通过 DO 水质状况及赋分分析,从 DO 水质单项指标来看:2013 年关川河入境断面汛期水质为劣 V 类,非汛期水质为 Ⅳ 类。出境断面汛期水质为劣 V 类,非汛期水质为劣 V 类;2014 年关川河入境断面汛期水质为劣 V 类,非汛期水质为劣 V 类。出境断面汛期水质为劣 V 类,非汛期水质为劣 V 类;2015年关川河入境断面汛期水质为劣 Ⅳ 类,非汛期水质为劣 Ⅲ 类。出境断面汛期水质为劣 Ⅳ 类,非汛期水质为劣 Ⅳ 类;2016 年关川河入境断面汛期水质为劣 Ⅱ 类,非汛期水质为劣 Ⅱ 类。出境断面汛期水质为劣 V 类,非汛期水质为Ⅳ类;2017 年关川河入境断面汛期水质为 V 类,非汛期水质为 V 类。总体上看,出境断面汛期水质为劣 V 类,非汛期水质为劣 V 类。

11.2.4　关川河水生生物状况分析

通过布置监测断面、取样试验和现场调查等方法,对关川河水生大型底栖无脊椎动物物种多样性及群落结构和鱼类种类组成等水生物现状进行了调查研究,得到的结论有:

(1)关川河底栖动物群落结构简单,香农 - 威纳(Shannon-Wiener)多样性指数为 1.415 1,总生物量(129.37 ~ 144.90 g/m²)较大,平均为 137.14 g/m²,相对 20 世纪 80 年代增大了 40 倍;底栖生物种类以中需氧量、耐旱的螺类为主,有少量摇蚊的幼虫存在,河流的健康状况较差。

(2)相对于 20 世纪 80 年代,鱼类生物损失指数为 0.29,考虑到影响估值偏小的各种因素,纠正的鱼类损失指数适宜值为 0.40。

(3)强化水质、水生生物监测监控,增设监测点,使水质、水生生物检测更具可靠性,同时掌握水质、水生生物动态变化情况。

(4)河道底栖生物量较大,但鱼类种类及个体数量极少,水体物质循环与能量流动不畅通,生态系统脆弱,应采取放流底栖鱼类或者其他措施,减缓河流生态恶化,发挥河流生态系统的正常功能。

11.2.5　关川河社会服务状况分析

通过分析关川河水功能区达标、水资源开发利用和防洪能力等指标层状况。得到的结论有：

（1）根据 2013 年 1 月甘肃省人民政府批复的《甘肃省地表水功能区划（2012～2030 年）》（甘政函〔2013〕4 号），关川河干流安定区段共划分 2 个水功能区，总河长 80.6 km。其中关川河河源至巉口段 25.32 km，水质目标为Ⅳ，巉口段至鲁家沟出口段 55.28 km，水质目标为Ⅳ。

（2）通过对内官先锋村断面单项水质项目进行分析，得出该断面的单项水质项目超标项目主要为：氨氮和总氮，其中氨氮在汛期 2.87，为劣Ⅴ类水质，全年平均值 2.07，为劣Ⅴ类水质。总氮在非汛期为 22，汛期为 18.4，全年平均值为 20，均为劣Ⅴ类水质。氨氮在汛期的超标倍数为 0.9，全年超标倍数为 0.38。总氮在非汛期超标倍数为 21，汛期为 17.4，全年平均为 19。按照水质站水质类别按所评价项目中水质最差项目类别确定的原则，关川河内官先锋村断面在汛期、非汛期、全年均为劣Ⅴ类水质。

（3）通过对比分析关川河鲁家沟南川村断面单项水质项目，该单项水质项目除溶解氧外的超标项目主要为：化学需氧量、五日生化需氧量、氨氮、总磷、总氮、石油类、阴离子表面活性剂、硫化物共 8 项，占单项水质项目总数的 40%。按照年平均超标倍数统计，总氮超标倍数最高，为 44，以下依次为五日生化需氧量为 21.8、氨氮为 21.7、总磷为 13.2、硫化物为 10.0、化学需氧量为 7.6、石油类为 0.9、阴离子表面活性剂为 1.1。按照水质站水质类别按所评价项目中水质最差项目类别确定的原则，关川河鲁家沟南川村断面在汛期、非汛期、全年均为劣Ⅴ类水质。

（4）根据断面水质分析，关川河水质断面共 2 个，在非汛期、汛期全部为劣Ⅴ类水质断面，代表河长 80.6 km，占 100%。总氮、氨氮、五日生化需氧量、总磷、硫化物、化学需氧量、石油类、阴离子表面活性剂 8 项为关川河主要超标水质项目。超标频率总氮、氨氮为 100%，五日生化需氧量、总磷、硫化物、化学需氧量、石油类、阴离子表面活性剂 6 项为 50%。

（5）通过对比分析关川河农业用水功能区 2013～2017 年 20 项单项水质项目水质监测数据，表明在该水功能区，超标频率最高的总氮，超标频率 100%，其次为氨氮，超标频率 80%，再为化学需氧量和五日生化需氧量，超标频率 60%，总磷和阴离子表面活性剂超标频率为 20%。按照任何一项不满足水质类别管理目标要求的水功能区均为水质不达标水功能区的评价要求，从

2013年开始至2017年,关川河农业用水区(起始源头至巉口),河长25.32 km,水质全部未达到水功能区目标Ⅳ类要求,年度水功能区达标率为0。

(6)通过对比分析关川河保留区2013~2017年20项单项水质项目水质监测数据,表明在该水功能区,超标频率最高的化学需氧量,超标频率100%,其次为五日生化需氧量、氨氮、总氮,超标频率80%,再为总磷,超标频率60%,阴离子表面活性剂超标频率为40%,硫化物超标频率为20%。按照任何一项不满足水质类别管理目标要求的水功能区均为水质不达标水功能区的评价要求,从2013年开始至2017年,关川河保留区(巉口至鲁家沟出口段),河长55.28 km,水质全部未达到水功能区目标Ⅳ类要求,年度水功能区达标率为0。

(7)通过对关川河干流安定区段干流水功能区进行达标评价,关川河干流安定区段水功能区达标比例、水功能一级区(不包括开发利用区)达标比例、水功能二级区达标比例、各分类水功能区达标比例全部为0。根据各单项水质项目水功能区超标频率的高低排序,排序前三位的总氮、化学需氧量、氨氮3项单项水质项目为关川河安定区段水功能区的主要超标项目。

(8)安定区境内关川河多年平均年径流量2 015.99万 m³,因水质、水量等原因,关川河流域除石门水库灌区灌溉用水量48.1万 m³,河道采砂企业用水量82.96万 m³ 外,其余灌溉耗水量及工业、城镇用水耗水量均采用引洮水源。关川河水资源开发利用率为6.5%。按照"国际公认水资源利用率极限40%(或合理上限30%)"作为河流水资源开发利用极限值,关川河水资源可利用量为806万 m³ 左右。

(9)依据相关规划,关川河应完成的防洪工程11项,规划治理河长68.86 km,新建堤防137.72 km,防洪标准10年一遇,占原河长88.02 km 的78.23%。近年来共治理河长11.57 km,占规划治理河长的16.8%,占现状河长的14.45%。新建堤防26.083 km,占规划新建堤防的18.9%。其中50年一遇标准河道长度8.962 km,占已治理河长的77.46%,10年一遇标准河道长度2.608 km,占已治理河长的22.54%。通过防洪工程的实施,关川河已治理段行洪能力明显增强,设防标准显著提高。但目前关川河现状防洪堤防工程治理率为14.45%,治理水平较低,且已建堤防工程全部为混凝土堤防,对调节生态平衡环境功效较差。

(10)通过对关川河干流安定区段干流水功能区进行达标评价,关川河干流安定区段水功能区达标比例、水功能一级区(不包括开发利用区)达标比例、水功能二级区达标比例、各分类水功能区达标比例全部为0。

(11)关川河天然河川径流量为实测径流量 2 015.99 万 m^3,因水质、水量及利用外调水资源等原因,关川河水资源开发利用率为 6.5%。依据《甘肃省重要河流健康调查评估技术大纲》,对无水资源开发利用需求的评估河段或水资源供水需求远低于可利用量的河段,可以根据实际情况对水资源开发利用率指标进行赋分,如果供水量占水资源总量的比例低于 10%,但满足流域经济社会的用水需求。

11.3 河长制网格化管理信息系统的设计

河道"河长制"网格化管理信息系统是在参照城市网格化管理模式的基础上,按照河道分段实施河长制的原则,将网格化管理模式与信息化管理相结合,进行河道河长制网格化管理信息系统的研究,搭建河长制网格化管理平台,并通过配合采用人工巡查、监督举报相结合的方式,依托遥感影像进行河道岸线动态监测,采用多种手段、多种方式进行高频率的河道岸线巡查,遏制乱占乱建、乱围乱堵、乱采乱挖、乱倒乱排现象,为加强河道生态环境建设和河长制落实提供技术支撑。

系统的常用功能主要包括水文水资源、水质、物理结构、视频监控、数据查询和后台管理六大模块。该系统建成后可通过终端加强对河道单元网格的管理,做到能够主动发现,及时处理,加强对河道污染的管理能力和处理速度,将被动应对问题的管理模式转变为主动发现问题和解决问题。

河长制网格化系统中的监测预警功能,将对水量进行在线监测;水质模块通过及时更新水质监测数据,了解近期水质变化趋势;岸线网格管理模块通过关川河河床冲淤变化、河道改变、河道弯曲程度、河岸带植被覆盖度、涉河建筑物管理、排污口管理和采砂管理 7 个方面的监测,实现对关川河岸线水域进行全方位的管理;视频实时监控河湖库岸线水域、重要水功能区、重要水源地,超限自动预警,应对污染突发事件启动应急预案,提高管控和应急处理能力。此外,河长制网格化系统服务功能,将为河长提供河湖库综合信息查询、办公与巡河巡查、辅助决策支持等功能;为河长办提供工作平台,即时掌握河湖库相关基础信息及监测数据等功能。

11.4　关川河河道管理现状及河道网格化管理分析研究

在对关川河水文水资源、物理形态、水生物、水环境及社会服务功能现状分析的基础上,概述关川河管理保护体制机制、管理主体、监管主体,日常巡查、占用水域岸线补偿、生态保护补偿、水政执法等制度建设和落实情况,分析河道管理方面存在的问题,并以关川河为例,划定河道网格,提出网格管理的重点任务和措施。得到的结论有:

(1)关川河河道开发管理的现状是:目前关川河安定区段建立有比较完善的水资源管理制度,无工业、农业、生活用水的取水设施,无高耗水项目。关川河在城市、乡(镇)居民聚居地等上下游、左右岸都建有部分防洪堤防,其余河段为天然河道。水域岸线保护与利用规划安定区正在筹划启动阶段,保护、利用的区段、分级、范围等还没有划定。流域内关川河水体污染源主要包括工业、农业种植、畜禽养殖、居民聚集区污水、生活垃圾等。对城区段、乡镇段的河道、水坑等黑臭水体结合河堤建设、河道疏浚、农村环境整治等进行了初步治理。流域内退耕还林还草、坡改梯建设工作有序推进,引洮水资源修复与补偿关川河生态水系规划正在编制。流域内每年都在有计划地开展水土流失治理,退耕还林还草的建设。

(2)水域岸线管理保护问题有:关川河干流安定区段在城市、乡(镇)居民聚居地等上下游、左右岸都建有部分防洪堤防,其余河段为天然河道。主要存在河湖管理保护范围未划定、管理保护范围不明确;河湖生态空间未划定、管控制度未建立;河湖水域岸线保护利用规划未编制、功能分区不明确;部分河段存在围垦种植、乱挖乱占乱建、违规疏浚、侵占河道的现象。

(3)基于关川河河道完整性、科学性、实用性和可操作性管理需求,在河流水文水资源、物理结构、水生物、水环境、社会服务功能及河道管理现状分析的基础上,按照河道管理网格划分的基本规定和划分方法,利用 GPS(全球定位系统)、RS(遥感技术)、GIS(地理信息系统)等“3S”技术,将关川河河道划分为“1 个水域带状网格和 4 类岸线功能区网格”,其中功能网格 11 个(岸线保护网格 3 个,岸线保留网格 2 个,岸线控制利用网格 2 个,岸线开发利用网格 4 个)。

(4)按照网格纵向边界线,即岸线控制线划定方法,选择关川河巉口水文站至称钩河汇合口为典型河段,开展网格纵向边界线划定研究。依据关川河

岸线功能网格划定成果,选择典型河段内共 3 类 3 个功能网格。该典型河段
河道滩槽关系较明显,河势较稳定,临水边界线采用滩槽分界线作为临水控制
线,已整治河道一般为中水整治线。对个别河道滩槽关系不明显,河势较稳定
的河段,采用平槽水位与岸边的交界线,或主槽外边缘线作为临水控制线。对
于无堤防的河道采用河道设计洪水位与岸边的交界线作为外缘控制线。对于
已建有堤防工程的河段,外缘控制线采用已划定的堤防工程管理范围的外缘
线。

(5)针对关川河管理保护存在的问题和实施周期内要达到的管理保护目
标,以因地制宜、统筹兼顾、突出解决重点问题为原则,确定网格管理保护的重
点任务包括水资源保护、水域岸线管理保护、水污染防治、水生态修复、执法监
管任务 6 项。

(6)根据河道网格管理保护目标和任务,关川河水资源保护措施有:落实
最严格水资源管理制度,严格取水许可审批和管理,加强重点取用水户监管全
覆盖,推进流域内节水型社会建设,加强河流跨界断面和重点河段水量监测,
建立水资源承载力预警机制并监督实施;水域岸线管理保护措施有:严格水域
岸线等水生态空间管控,依法划定河湖管理范围。落实规划岸线分区管理要
求,强化岸线保护和节约集约利用。严禁以各种名义侵占河道、围垦湖泊、非
法采砂,对岸线乱占滥用、多占少用、占而不用等突出问题开展清理整治,恢复
河湖水域岸线生态功能。水污染防治措施有:结合关川河现状污染特征、区域
社会经济发展等,将点源污染控制和治理、农业面源污染控制、雨水径流污染
控制和治理作为水污染防治的核心以及重要前提;水环境治理措施有:加强水
环境综合治理,推进主要控制断面水质、水功能区监测体系建设,完善水环境
考核评价机制,提升应急保障和处置能力;水生态修复措施有:建设河道连通
项目,对关川河水系结构和功能进行修复,并按照生态流量需求,对水系非汛
期流量进行人工调控,恢复河湖水系自然联通性;行政执法监管措施有:研究
出台相关政策和制度,建立完善执法机制,严厉打击涉河违法行为,建立河流
管理、执法考核惩奖机制,加大河道动态管理保护。

11.5　展　望

目前网格化管理在城市管理中应用比较广泛,在河道管理中还停留在理
论层面,实际应用较少。本书通过开展"河长制"网格化管理信息系统的研
究,搭建河长制网格化管理平台,对河道岸线进行动态监测和管理,为加强河

道生态环境建设和河长制落实提供技术支撑,并进一步提升河长制管理的能力和水平。但受学识水平和项目经费的限制,河长制网格化管理信息系统的研发还需要在以下几个方面进一步加强。

(1)基础资料收集。尽管我们对关川河流域基础资料进行了调查收集,但存在一定的困难。随着互联网 + 、大数据、人工智能、5G 技术的发展,数据资源共享平台将成为我们进行科学研究的基础设施,为确保基础资料在时间上的连续性和空间上的等级属性,建议今后加强与水文、国土、环保等部门的衔接,实现数据共享。

(2)完善硬件设施。今后项目推广过程中,可以考虑在河道内增设水量、水质等实时监测设备,对河段进行动态监测,及时掌握水量及水质动态变化,并形成预警机制。

(3)GIS 地理信息技术与空间信息技术的应用有待加强。通过对关川河河道地理信息系统的研究,形成河长制网格化"一张图","一张图"是河道现状、岸线变化情况、遥感监测、水利工程建筑物、植被覆盖度以及河道基础地理等多个图层、多源信息的集合,利用 3S 技术,对关川河研究河段内已划分的单元网格进行编码,实现对单元网格信息的采集、存储、分析、查询、管理、输出。依托遥感影像进行河道岸线动态监测,对易冲刷段的河岸进行重点监测。将河长制网格化"一张图"导入"河长制"网格化管理信息系统界面,实现"天上看、网上管、地上查",形成河道管理信息系统体系,实现河道的信息化管理。

(4)进一步优化河长制网格化管理信息系统。将来对河长制网格化信息系统进行手机客户端的二次开发,可方便基层河道管理者通过微信、手机短信等对河道信息进行实时查看。

参 考 文 献

[1] 赵金存. 山东省 A 市《水污染防治法》配套立法研究[D]. 贵州:贵州民族大学,2019.

[2] Zhang HJ,Pang Q,Hua YW,et al. Linking ecological red lines and public perceptions of e-cosystem services to manage the ecologicalenvironment:A case study in the Fenghe River watershed of Xi'an[J]. Ecological indicators,2020,113(3):1-5.

[3] 黄维东,牛最荣,马正耀,等. 大通河流域水能水资源开发对河流水文过程和环境的影响[J]. 冰川冻土,2013,35(6):1573-1581.

[4] 尚小平,张永胜. 渭河干流定西段的管理保护分析与建议[J]. 中国水利,2019(10):47-49.

[5] 牛最荣,赵文智,刘进琪,等. 甘肃渭河流域气温、降水和径流变化特征及趋势研究[J]. 水文,2012,32(02):78-83.

[6] 牛最荣,陈学林,王学良. 白龙江干流代表站径流变化特征及未来趋势预测[J]. 水文,2015,35(05):91-96.

[7] 牛最荣,张芮,陈学林,等. 1970～2016 年气候变化对渭河源头清源河流域降水和地表径流的影响[J]. 水土保持通报,2018,38(5):9-14.

[8] 郭顺. 环境法视域下河长制的法律机制构建[D]. 桂林:桂林电子科技大学,2019.

[9] 刘超. 环境大视角下河长制的法律机制构建思考[J]. 环境保护,2017(9):24.

[10] 傅思明,李文鹏. "河长制"需要公众监督[J]. 环境保护,2009(9):30-35.

[11] 李轶. 河长制的历史沿革、功能变迁与发展保障[J]. 环境保护,2017(16):7.

[12] 魏钦恭. 建立网络综合治理体系 提升社会综合治理能力[N]. 中国社会科学报,2017-12-15(004).

[13] 范况生. 现代城市网格化管理新模式探讨[J]. 商丘师范学院学报,2009,25(12):111-115.

[14] 魏巍. 武汉市社区网格化管理研究[D]. 武汉:华中科技大学,2015.

[15] 陈文成,黄耀裔,康雅丽. 基于人口数据网格化的福建省人口分布特征研究[J]. 湖北民族学院学报(自然科学版),2019,37(3):340-344.